肉兔规模化生态养殖技术问答

◎ 向白菊 张 健 蒋 安 主编

中国农业科学技术出版社

图书在版编目（CIP）数据

肉兔规模化生态养殖技术问答 / 向白菊，张健，蒋安主编 .—北京：中国农业科学技术出版社，2019. 5

ISBN 978-7-5116-4056-7

Ⅰ. ①肉… Ⅱ. ①向…②张…③蒋… Ⅲ. ①肉用兔-饲养管理-问题解答 Ⅳ. ①S829. 1-44

中国版本图书馆 CIP 数据核字（2019）第 028928 号

责任编辑 张国锋
责任校对 马广洋

出 版 者 中国农业科学技术出版社
北京市中关村南大街 12 号 邮编：100081
电 话 (010)82106636(编辑室) (010)82109702(发行部)
(010)82109709(读者服务部)
传 真 (010)82106631
网 址 http://www.castp.cn
经 销 者 各地新华书店
印 刷 者 北京富泰印刷有限责任公司
开 本 850mm×1 168mm 1/32
印 张 6. 375
字 数 200 千字
版 次 2019 年 5 月第 1 版 2019 年 5 月第 1 次印刷
定 价 29. 80 元

《肉兔规模化生态养殖技术问答》编写人员名单

主　　编	向白菊　张　健　蒋　安
副 主 编	高立芳　黄德均　徐远东　沈贵平
参编人员	廖洪荣　王冲莉　何　玮　冉启凡 范　彦　王　琳　胡永慧　邱常兵 刘万红　唐　露　李　潇　余中奎 熊定奎

前　言

养兔业投资较少、周期短、见效快。随着人民生活水平的提高，兔肉、兔毛、兔皮、宠物兔需求量供不应求。乘着新农村建设的春风，我国养兔业尤其是规模化养兔业得到了迅速发展，人们对养兔的积极性不断上升。我国家兔养殖无论在数量上，还是产品的加工和出口等方面，均位居世界之首，但是，我们应该清醒地看到，尽管我国是一个养兔大国，但绝非养兔强国，总体上看我国养兔业还处于初级阶段，与养兔发达国家和地区有相当大的差距。尤其是随着规模化养兔业的发展，环境污染日趋严重，在强调生产性能的同时，伴随产品质量的下降。再加上近年来的市场波动让人们对以后的兔产品市场心存疑虑，不敢大胆进行大规模饲养，为使这些问题得到改善，围绕规模化生态养兔关键技术，我们依托相关的科研项目，进行了多项规模化生态养兔关键技术集成，解决了部分生产实践中的技术难题。同时，我们深知向广大养兔从业者普及科学知识和技术的任务十分重要。因此，在总结我们研究成果的同时，吸纳了国内外最新科技成果，参考了前人的先进经验和做法，将近年来困扰规模化生态养兔的技术问题总结归纳，汇集成《肉兔规模化生态养殖技术问答》一书。全书共 13 章，分别是：家兔养殖市场前景、家兔的生物学特性、兔场建设、兔场的环境及其控制、家兔品种、家兔育种、家兔繁殖、家兔营养与饲料、家兔的饲养管理、兔的疾病防治、兔场经营、兔产品初加工、生态循环养兔。

本书内容新颖、系统、全面，以介绍规模化养兔基本知识、实用技术为主，为广大读者提供较为理想的普及性规模化生态养兔指导性参考资料。语言通俗易懂，书中还附有大量图表和彩色插图，以增强读者阅读时的理解和应用效果。希望本书对我国兔业的发展有所帮助。

由于时间仓促，编著者知识、经验和文字水平的局限性，书中不足之处在所难免，望同行谅解和指正，亦恳请读者提出宝贵意见和建议。

编者

2019 年 1 月

目　录

第一章　家兔养殖市场前景

第一节　家兔养殖的前景和如何投资

1. 家兔养殖的前景怎样?

养兔业是一个新兴的养殖业，是现代畜牧业的重要组成部分。家兔按其经济用途不同可分为肉用、皮用、毛用和宠物兔四大类。其中肉兔在我国的起步最早，群众基础也最为广泛。尤其是在北部一些省市及南方的广东及四川等省，肉兔饲养近几年发展很快，已成为一些地区，特别是一些贫困地区的支柱产业。大力发展肉兔饲养业，适合我国国情，其潜力巨大，意义深远。

由于科学技术的进步，饲养条件的改善，一些养兔发达的国家，肉兔的生产性能很高。一般来说，70 日龄左右即可出栏，体重达到 2.25kg 以上，饲料消耗系数低于 3，即每增加 1kg 体重，饲料消耗不足 3kg。母兔年产仔兔 50 只以上，1 个笼位（家兔笼养，母兔在空怀期和妊娠期几只母兔占 1 个笼位）年提供断乳兔 90~100 只。同时，家兔养殖还具备以下养殖优势：一是肉兔日粮以草为主，是典型的节粮型草食家畜。家兔属于单胃草食家畜，在家兔的家族中，肉兔的耐粗饲能力最强。二是多胎高产，饲养周期短，产肉率高，肉兔性成熟早，3~4 个月，一般 6 个月初配，妊娠期 1 个月，胎均产仔 7~8 只，产后可发情配种，一年可产仔 6 胎以上。三是投资小，见效快，与饲养其他动物相比收益大，投入产出比高。对于农村家庭来说，养肉兔的投资大体可分为种兔费、饲料费、防疫费、笼舍费等。四是占地少，用工少。家家户户都能饲养肉兔，可以平养，也可立体饲养；可在室内，也可在室外；可在地上，也可在地下或在房顶上。五是产品质量高，市场潜力大。兔肉具有“三高三低”的特点，即高蛋白、高赖氨酸、高消化率和低脂肪、低胆固醇、低能量，其综合营养价值高于其他肉类如猪肉、牛肉和鸡肉等。综上，家兔养殖尤其是肉兔养殖具有广阔的发展前景。

2. 获得家兔养殖相关市场信息可以通过哪些渠道？

大力发展肉兔饲养业，适合我国国情，其潜力巨大，意义深远。养殖户可以从中国畜牧业协会、养兔学协会、中国养殖信息网、中国畜牧信息网、农村科技、畜牧市场、肉兔养殖实用技术等网络、杂志上获得家兔养殖相关市场信息。此外，还可通过参加各种兔业大会、新型职业农民培训和到有实力的养兔企业实地考察学习获得相关信息。

3. 投资建设规模化家兔养殖场应考虑哪些问题？

我们要树立健康的产业发展理念，探索适宜的经营手段，科学合理地安排产业布局，提高家兔产业开发质量，使养兔业步入健康发展轨道。投资建设规模化家兔养殖场应主要考虑以下问题：一是地理位置的选择。兔场地势应选择坡度3%~10%的缓坡坡地，地下水位在1.5m以下，土质要坚实，既适宜建造房舍，又适宜饲草作物种植。一般要注意不占用耕地，选择向阳坡地建场。其次，还需考虑兔场的风向、水、电和交通情况。二是养殖场整体布局设计。在兔场场址选定之后，特别是集约化兔场要根据兔群的组成，饲养工艺要求，喂料、清粪等生产流程，当地的地形、自然环境和交通运输条件等进行兔场总体布置。总体布置是否合理，对兔场基建投资，特别是对以后长期的经营费用影响极大，搞不好还会造成生产管理紊乱，兔场环境污染和人力、物力、财力的浪费。兔场总体布置与其他畜牧总体布置一样，都设有分区、布局、朝向、间距、道路、流线等问题。三是科学设计兔笼和选好养兔设备。

4. 我国主要有哪些兔肉、毛、皮交易市场?

我国兔肉交易市场主要分布在北京，济南长清，山东曲阜、平邑，河南焦作、商丘，河北泊头、邯郸，河南西平、郑州，山西清徐，安徽砀山，陕西西安，甘肃天水，内蒙古通辽，四川成都，黑龙江哈尔滨、齐齐哈尔、佳木斯，吉林舒兰，广东广州，海南海口、三亚，福建福州，广西横县，江西进贤县，江苏东台，湖北武汉等地。

中国皮毛交易市场有以下几家：一是尚村皮毛市场。尚村皮毛市场位于沧州市肃宁县，是中国最大的生皮毛皮市场，每天上市近3万余人。二是留史皮毛市场：位于河北省保定地区蠡县留史镇，留史皮毛市场是亚洲最大原料皮集散地，牛皮、羊皮、生皮货栈200余家。三是大营皮毛市场。该市场位于河北省枣强县，以深加工为主业，主要聚集貂皮服装厂，以深加工褥子为主项。另外，也是家兔皮的集散地及深加工基地，特别是兔皮褥子规模最大。四是崇福毛皮市场。崇福毛皮市场位于浙江桐乡崇福镇，是以上海为龙头的长江三角洲经济特区。特别是在上海、江苏、无锡、南通、杭州、海宁等分别有我国主要的裘皮服装厂、羽绒服装厂等。五是辛集皮毛市场。辛集皮毛市场位于河北省辛集市，以皮革业、毛领、帽条深加工业为主项，是蓝狐、银狐、貉子皮的主要销售市场，其皮革服装、毛领、帽条等深加工产品出口俄罗斯市场，聚集有规模较大的毛皮企业，如大众公司、正泰公司、巴麦龙制衣、东明皮革等深加工企业。

5. 我国养兔业的发展趋势如何?

随着人们对食品安全的重视和消费观念的改变及兔产品加工技术的提升，必将极大地促进兔产品消费，推动养兔生产的发展。今后我国养兔业总的趋势是大力开展新品种选育工作，提高生产性能，推广全价颗粒料，加强兔产品加工开发研究，发展适宜规模的集约化养殖，逐渐扩大饲养量，品种趋向高产化和高效化。主要表现在以下几方面。

（1）兔业合作社将得到快速发展。农民专业合作社通过服务把原本分散的农户组织起来，把生产同类产品的产前、产中、产后的相关环节链接起来，把千家万户的生产与千变万化的市场对接起来。随着兔业的健康有序发展，兔业合作社等组织形式会不断涌现出来，这对我国兔业的发展必将起到推波助澜的作用。

(2) 配套系生产将进一步得到完善。国内外实践证明，三系或四系配套进行肉兔生产，将会大大提高生产效率。肉兔的选育工作将会越来越得到重视，尤其是有实力的现代化大型企业将会多渠道投入大量的资金进行种兔的选育工作，对肉兔产业的发展必将起到巨大的推动作用。

(3) 深加工将进一步扩大。兔肉的营养价值高，具有“高蛋白、低脂肪、低胆固醇、低热量”的特点，并且安全性高，非常符合现代人对肉食的需求，以及对兔肉的营养价值和安全性的认可，必将促使兔肉的消费量大大增加，而深加工食品以其方便快捷的优势，必定受到消费者的青睐。

(4) 将出现更多专门化的饲料生产供应企业。饲料是养兔生产的重中之重，随着肉兔养殖的规模化发展及食品安全监管力度的加大，广大养殖场（户）对优质高效的饲料需求量飙升，必将催生一批专门化的家兔饲料生产企业。

(5) 科技生产水平将得到进一步提高。规模化生产对养兔技术的要求进一步提高，如何有效进行健康、高效养兔生产，提高生产效率，将被引起足够的重视。形成强有力的养兔科研、示范、推广服务体系，发挥产、学、研各自的优势，为农民提供饲养、加工、销售一条龙服务。

第二节　养兔新手必须知道的知识

1. 怎样才能学会养兔技术?

发展农村家庭养兔业是当今农村经济发展的新思路、新举措之一。可利用空地建造简易兔棚，饲养简单，野杂草、树叶、作物秸秆都是养兔的好饲料；养兔投资小，见效快，幼兔从出生到上市一般只需5个月；而且经济效益高，如果一个家庭年出售种兔及商品兔300只，年收入可达6 000元以上。

然而养兔要有好效益，必须掌握养兔技术。一是要注意种兔的选择和利用年限。优良品种的种兔能生产出更多的幼兔。种兔的可繁期为4~5年，而最佳利用年限为1~2年。二是要掌握兔舍的设计及建造技术。为了提高种兔的生产性能，必须为兔创造一个良好的生活环境。场址要选择地势较高，通风、采光好，清洁干燥，环境安静的地方。兔舍离地面20~30cm，一般用木制门砖垒隔墙，隔成62cm×70cm或70cm×80cm的小间，并设有托粪板。经常洗刷兔舍，保持清洁卫生，减少疾病发生。三是要注重不同季节的家兔饲养管理。春秋两季气候温暖、干燥，阳光充足，母兔发情正常，雄兔性欲旺盛，是家兔繁殖的黄金季节。春天天气由寒变暖，昼夜温差较大，应切实做好幼兔的保暖工作。夏季气温高，兔子汗腺不发达，要做好防暑降温工作。四是注意疾病的防治。家兔疾病较多，但只要做好预防，就可减少因疾病造成的损失。

2. 养兔需要做哪些前期准备工作?

养兔如打仗，要不打无准备之仗。常言说“兵马未动，粮草先行”，强调的是物质准备在一场战争中的重要性。而养兔的准备主要包括以下几项。

（1）建兔舍。根据地区气候特点，选择兔舍形式；根据养兔规模，确定兔舍面积。一定要注意选择地势高燥，背风向阳、邻近水源、电力充足，远离噪源、污染源和居民点的地方。

（2）兔笼准备。兔舍是兔子的房，笼子是兔子的床。而笼子的好坏决定养兔的效率，甚至发生疾病的种类和频率。笼具要做到大小适宜、科学合理、简便实用。可以购买成型的金属笼具，也可以自己动手砖砌或水泥板垒砌。兔笼最关键的部件是底板，也叫漏粪板，以竹板为佳，间隙1. 2cm为宜。板条相互平行，上无钉头，侧无毛刺，表面平而不光。

（3）笼具选择。饲料槽、饮水器、产仔箱是养兔的三大重要工具。饲料槽最好是自动漏料，随吃随漏。容量以保证一个笼内的所有兔子一天的采食量为宜，悬挂于笼门上，笼外加料，笼内采食；饮水器最好为乳头式自动饮水器，注意不要选择漏水现象严重的饮水器。产仔箱是母兔产仔育仔的场所，要求模拟洞穴环境，创造温暖、安静和光线黯淡的环境。一般木制为宜，大小适宜。

（4）备足饲料。种兔引进之前要准备饲料。根据供种兔场的饲料配方备料，起码要够 3 周的使用量。注意饲料原料的质量，防止霉变。

（5）疫苗。要准备一定的疫苗和常用药物。一般小规模兔场，仅仅准备兔瘟疫苗即可。大型兔场可以准备巴氏杆菌—波氏杆菌二联苗、A 型魏氏梭菌疫苗。

（6）药物。适当准备一些助消化、防治腹泻药物，抗菌消炎药物，预防球虫病、疥癣药物和外伤消毒药物。

3. 家兔养殖规模要适度，多大规模为适度规模？

从国内外家兔养殖业的生产发展来看，规模化生产将是一种趋势，只有规模化生产才能在更大的范围内提高生产的效率和效益。随着商品活兔和兔产品的销售逐渐由地区集贸市场向地区零售商店或超市转移，分散的小规模生产便越来越难以保证产品的高效供给，也不利于保证产品质量。规模养兔贵在适度，近年来的实践也证明，以家庭劳动力为主，拥有 2 000~ 3 000个笼位及其设施的适度规模养殖才有可能成为兔业发展的中坚力量。据调查，年产 3 000只商品兔的家庭，净利润大多在 10 万元上下，如果自行屠宰，皮肉分销，收益就更多一些。

4. 哪些因素是影响家兔肉、毛、皮价格波动的主要因素？

（1）供求关系发生明显变化，是市场价格异常波动的根本原因。由于市场本身具有一定的自发性和盲目性，而且国内的投资和消费比例关系仍不协调，需求未能得到合理引导，并受许多不确定的因素影响，使得供应和需求的真实状态很难判定，在一些易变或不可预测的因素刺激下，商品的需求或者供应状态可能会突然发生改变。当这种供求关系的裂变过程很难被及时发现并预防时，就很容易导致商品价格发生异动。

（2）成本的合理补偿和转嫁，是商品价格大幅涨落的基础性因素。近年来，资源环境成本日益受到重视和关注，国家更加注重经济的质量、结构和效益的相互协调，而且非基础性产品或者下游产品生产企业消化成本的能力也在明显减弱，成本的推动效应和作用更加明显。

（3）国际市场商品价格对国内价格的传导愈发明显，使得价格异常波动可能性越来越大。近五年，商品价格已具有明显的全球化特征，价格联动效应在增强，加上国际初级产品价格本身已进入一个全面上升期，国际市场商品价格对国内价格的影响力越来越大。

（4）市场机制不够健全，监测体系不够完善，成为价格异常波动的重要原因。市场中存在人为扭曲价格或恶意竞争的现象，价格的信号功能存在一定失真，加上社会信用制度、个人信用体系还很不健全，商业欺诈、制假售假现象又相当严重，价格垄断、欺骗、歧视问题相当普遍，价格行为又不太规范，价格秩序仍未完全理顺，会直接影响到价格机制作用的发挥，这样不够成熟的市场价格机制导致价格并不按通常经济规律走。

（5）国内外投机、地缘政治、市场预期、心理等不确定、不规则因素的存在，是价格频繁发生异常变动的重要因素。由于各国金融体系不尽相同，世界范围内的对冲基金、闲散资金规模不断扩大，国内外期现货市场投机炒作越发频繁，加上世界各地政治环境差异较大，许多拥有一定资源和商品价格话语权的国家和地区政治局势混乱，其商品价格发生异常变动的可能性会很大。

5. 面对家兔市场价格的波动如何应对?

近年来，我国国民经济稳中求进，呈现出“高增长、高效益、低通胀”的良好发展态势。但与之相伴的投资增长过快、信贷投放过多等诸多问题依然存在，而其中最为突出的问题是当前以及今后较长时期内价格异常波动将呈现发生频率快、影响时间长、变动幅度大、涉及范围广等特点。保持价格基本平稳、防止价格大起大落已成为当前经济宏观调控的重要任务。面对家兔市场的价格波动如何应对呢？一是及时发现和预防失衡的供求关系；二是处理好养殖成本的合理补偿和转嫁；三是把控好国际市场商品价格对国内价格的传导影响；四是健全市场机制，完善监测体系；五是及时应对国内外投机、地缘政治、市场预期、心理等不确定、不规则因素。

第二章　家兔的生物学特性

第一节　家兔的生活习性

1. 家兔为什么昼伏夜行?

家兔具有昼静夜动的特点，因为它是夜间性动物，和鼠类是近亲。白天表现较安静，闭目养神，采食量很少；夜间精神旺盛，采食、饮水增加。据测定，家兔在夜间的采食量和饮水量远多于白天，相当于一昼夜的 75%左右。饲养管理上要做好合理安排，每天最后一次喂料时间宜迟些，数量多些，并备足饮水。白天尽量不要妨碍家兔的休息和睡觉。

2. 家兔为什么喜欢安静环境?

家兔胆小，对外界环境的变化非常敏感，再加上家兔的耳朵十分灵敏。因此，保持兔舍的环境安静，是养好家兔必须重视的问题。

3. 家兔为什么喜欢打洞穴居?

打洞穴居是家兔具有打洞并在洞内产仔穴居的本能行为。在笼养条件下可常观察到其前肢扒笼壁、笼底等现象。家兔打洞穴居能够避免其他动物的伤害，也说明它的胆小性。在建筑兔舍时，必须考虑到家兔的穴居性，以免由于选材不当或设计不合理，致使家兔在舍内打洞造穴，给饲养管理带来困难。

4. 家兔喜干燥环境还是湿度大的环境?

家兔喜爱清洁干燥的生活环境，干燥、清洁的环境有利于家兔的健康，而潮湿的环境容易滋生病原微生物，是造成家兔患病的根本原因。所以，在兔舍设计及日常管理中，要保证圈舍清洁干燥，冬暖夏凉，通风良好，兔舍内相对湿度应控制在60%~65%。

5. 家兔为什么耐寒怕热?

家兔汗腺不发达，除鼻镜和鼠蹊处有极少的汗腺外，全身无汗腺，散热能力极差，主要靠呼吸散热，所以对高温适应性较差。家兔被毛浓密保温性能好，具有较强的抗寒能力。若环境温度降低，家兔利用物理和化学的方法调节体温，使其保持正常。不过，仔兔和幼兔的体温调节能力更差，应注意夏季防暑，冬季保暖。

6. 家兔喜欢群居吗?

家兔不喜欢群居，混养会发生争斗咬伤，甚至咬死现象。在日常饲养管理中，应当在性成熟前公母分开饲养，到成年时一兔一笼。

7. 为什么家兔喜欢啃硬物?

通常称家兔啃咬硬物的习性为啮齿行为。家兔的牙齿是双门齿，是恒齿，出生时就有，永不脱换，而且不断生长。因此，要经常给兔提供磨牙的条件，如把复合饲料加工成硬质颗粒饲料，或者在笼舍内多投放树枝或木棒供兔啃咬，以利门齿的磨蚀，促进饲料的咀嚼和消化。

8. 什么是家兔的食粪习性?

家兔有吃自己排出的软粪的习性。据观察，兔的食粪行为并不完全发生于夜间，白天也食粪，两者并无明显差别。软粪是盲肠深部的内容物，家兔排出软粪时会自然弓腰用嘴从肛门处吃掉（兔不吃落到地板上的软粪），稍加咀嚼便吞咽。研究表明，软粪中含有较高的必需氨基酸（如赖氨酸）、含硫氨基酸和苏氨酸。软粪中也含有较多的矿物质，如 Ca、P、Na、K。软粪中微生物的活动也产生了较丰富的维生素，如维生素 K 等。

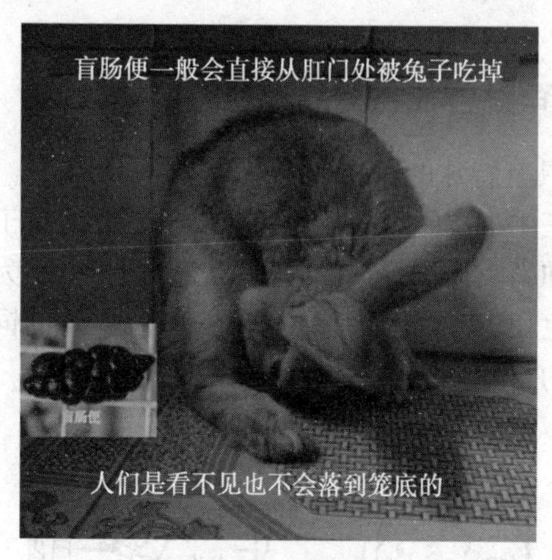

家兔的食粪习性

9. 家兔有顿足动作行为吗?

家兔用后足拍打地面发出声响，称为顿足。家兔的防御能力差，当受到惊吓或遇到敌害时常边跑边用后足猛踏地面，发出响亮的声音来吓唬敌人。另外，与母兔交配公兔射精后有时也发出顿足动作。因此在修建笼舍时，要注意保持地面或笼底光滑，消除尖刺、铁钉等异物，防止损伤家兔后足，从而减少脚皮炎等疾病的发生。

10. 家兔的视觉、嗅觉、听觉和味觉发达吗?

家兔的视觉很差，对颜色基本无识别能力。家兔有发达的听觉、嗅觉和味觉，常以其敏锐的嗅觉选择喜爱吃的东西。同时，利用家兔发达的嗅觉特性来给新生的仔兔找寄养母兔，将寄养母兔的尿或乳汁涂抹仔兔全身，使母兔嗅不到异味从而接受并喂养仔兔。

家兔的听觉也很发达，平时常竖起双耳，静听周围动静，一有风吹草动就马上逃跑躲藏。

家兔的味觉也相当发达，喜食甜食等，在日常的饲养管理中要注意利用这些特性，将兔养得更好。

第二节　家兔的消化特性

1. 家兔具有哪些独特的消化系统?

（1）家兔具有特殊的口腔结构。

家兔上唇正中央有一纵裂，形成豁唇，使门齿易于露出，便于采食地面的短草和啃咬树皮等。兔的门齿较发达，上颌为双门齿，不磨损，并且不断生长，有切断饲草的作用，喜食较硬的饲料和啃咬竹木结构兔笼设备的习性，所以有啃食性。

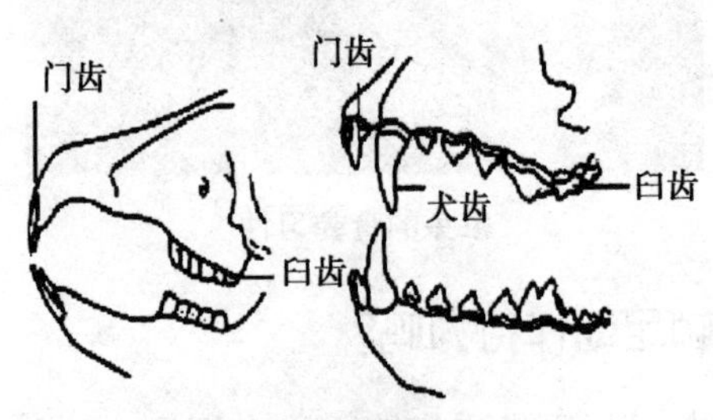

家兔特殊的口腔结构

（2）家兔具有发达的胃肠。

胃的消化特点：家兔是单胃，容积较大，约为消化道总容积的36%，可容纳采食的糊状饲草料60~80g。

盲肠的消化特点：家兔的肠道器官发达，尤其是盲肠，其长度与体长相近，盲肠内有25个螺旋状皱褶的螺旋瓣，含有大量的微生物，类似于牛羊的瘤胃，分泌纤维素酶，以分解纤维素。在消化过程中，尤其是对粗纤维的消化起重要作用。

（3）特有的淋巴球囊。

在回肠和盲肠相接处的膨大部位有一厚壁圆囊，称之为淋巴球囊。盲肠中存在大量微生物，发酵粗纤维，将其分解为挥发性脂肪酸。淋巴球囊能分泌碱性液体，中和盲肠中因微生物发酵而产生的过量有机酸，维持盲肠中适宜的酸碱度，创造微生物适宜的生存环境，保证盲肠消化粗纤维过程的正常进行。

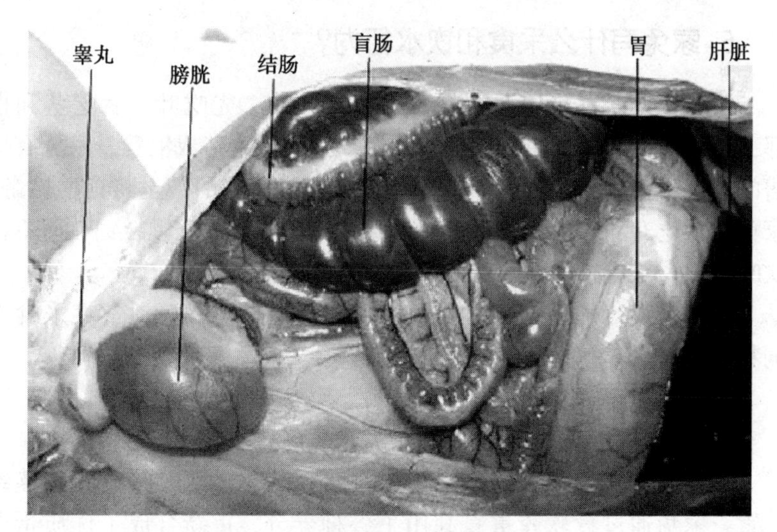

家兔独特的消化系统

2. 家兔挑食吗?

家兔比较爱挑食。兔子凭借发达的嗅觉和味觉，在饲料中寻觅自己喜爱的食物，如果用粉状饲料，混合不均匀或粉碎颗粒过大时，往往造成兔子挑食。颗粒饲料能有效地防止这一挑食现象，同时也可以预防兔子啃咬笼子的坏习性。

3. 家兔喜欢哪些类型的饲料?

家兔是单胃草食动物，喜食植物性饲料，无论是青草、树叶还是植物的种子及副食品，它们都爱吃。在饲草饲料中喜食多叶性及多汁性饲料，如苜蓿、三叶草、猫尾草、胡萝卜、甜菜、野菜等；在谷类饲料中喜食燕麦、大麦、小麦等。

4. 家兔不喜欢哪些类型的饲料?

家兔不喜欢食鱼粉等动物性饲料，日粮中动物性饲料一般不宜超过5%，否则将影响家兔的食欲。

5. 家兔有什么采食和饮水行为?

家兔食草时，将一根一根草从草架拉出，先吃叶，后吃茎和根部，所剩部分连同拖出的草，往往落到承粪板上造成浪费。家兔有扒槽的习性，常用前肢将饲料扒出草架或食槽，有的甚至将食槽掀翻。家兔喜欢吃有甜味的饲料和多叶鲜嫩青饲料，喜欢吃颗粒饲料而不喜欢吃粉料。

家兔是夜行性动物，夜间饮水量约为全天70%。通常在采食干饲料后饮水。

6. 吃自身软粪对家兔有益吗?

吃自身软粪对家兔是有益的，因为软粪中含有蛋白质及B族维生素，家兔通过食软粪重复利用了各种养分，重新合成了优质蛋白质，提高了对营养物质的消化率。食粪是家兔的正常行为，可使饲料养分得到进一步消化和吸收。家兔突然停止食粪，应视为患病的前兆，所以，在管理上要注意观察兔舍内是否有软粪，如发现软粪应及时对家兔进行健康检查，做到有病早治，减少损失。

7. 家兔对粗纤维消化利用情况如何?

家兔对粗纤维的消化率较高，主要在盲肠中进行，兔对粗纤维的消化率可达65%~78%，低于牛、羊。适量的粗纤维对家兔必不可少，粗纤维有助于形成硬粪，并在正常消化运转过程中起一种物理作用。当饲料中粗纤维低于5%时，引起兔消化紊乱，采食量下降，腹泻；如果粗纤维含量过高时，日粮所有营养成分的消化率都下降。因此，一般饲料中粗纤维含量在12%~14%。

8. 家兔对蛋白质消化利用情况如何?

家兔对饲料中蛋白质的消化率也较高。家兔盲肠和其中的微生物都产生蛋白酶，能有效地利用饲草中的蛋白质，甚至对低质饲草中的蛋白质也有较强的利用能力。以苜蓿为例，家兔对其中蛋白质消化率接近75%；全株玉米颗粒料，对其中蛋白质的消化率可达到80%。

9. 家兔对淀粉消化利用情况如何？

家兔盲肠内淀粉酶的活性较高，因而家兔盲肠利用日粮中淀粉、糖产生能量的能力较强。如果喂给富含淀粉的日粮，小肠难以完全消化，家兔会发生拉稀现象。

10. 家兔日粮中的钙、磷比有何要求？

家兔对日粮中的钙、磷比例要求不严格，一般为1%左右，当日粮中钙含量多到4.5%，钙磷比例高达12∶1时，也不降低其生长率，骨骼灰分正常。家兔能忍受高钙水平，而磷含量不能过高（1%以内），否则日粮的适口性降低，兔拒绝采食。

第三节　家兔的生长发育特性

1. 家兔的正常体温、呼吸频率、心跳分别是多少？

家兔是恒温动物，正常体温范围为38.5~39.5℃；呼吸频率51（38~60）次/分；心跳频率（258±2.8）次/分。

2. 家兔正常生长发育适宜环境温度、湿度是多少？

不同生长阶段家兔需要的适宜环境温度有所不同。初生仔兔为30~32℃，幼兔为18~21℃，成年兔为10~25℃。家兔的正常生产、生长、繁殖的最适温度为15~25℃，如满足不了也应控制在临界温度，临界温度5~30℃。

家兔喜欢干燥，怕潮湿，适宜的空气湿度为45%~65%。

3. 家兔的呼吸器官是什么？体内的膈有什么作用？

家兔的呼吸器官是肺。体内的膈能帮助完成呼吸的作用。

4. 家兔在哪个阶段生长发育速度较快？

家兔的生长发育大体分为胎儿期、哺乳期和断奶后期三个阶段。

(1) 胎儿期。从母兔怀孕到仔兔出生，这个时期的生长发育从妊娠第19天开始，胎儿体重大幅度增长。在饲养上，母兔妊娠后期要注意营养的供给，保证胎儿的正常生长发育。

(2) 哺乳期。从初生到断奶，这个时期的仔兔生长发育相当快，并受母乳的影响，应按哺乳期营养需要配合日粮。

(3) 断奶后期。幼兔的生长发育主要受遗传因素和饲养管理条件的影响较大。3月龄前生长快，3月龄后生长慢。

一般规律是前期生长快，后期生长慢。不同品种的幼兔，生长速度有差异，甚至不同性别的幼兔，其生长速度也有差异。

第四节　家兔的繁殖特性

1. 家兔发情周期有规律性吗？

不存在规律性的发情周期。

2. 母兔的繁殖特点表现在哪里？

家兔的繁殖力相当强。家兔性成熟早，窝产仔数多，孕期短，哺乳期短，年产窝数多，世代间隔短，其繁殖不受季节限制等。家兔常年发情，家兔的妊娠期仅29~31天，性成熟在4月龄左右，年产仔4~6胎，高者年产8~11胎，1胎产仔一般6~8只，高者达15只以上，出生后5~6月龄即可配种繁殖。

3. 家兔是刺激性排卵的动物吗？

家兔是刺激性排卵动物。成年母兔的卵巢内成熟卵泡不能自发排出，只有在一定的刺激条件下，如公兔交配刺激、母兔的相互爬跨，或注射某种激素药物后均能诱导母兔排卵。一般母兔在交配后10~12小时排卵，否则成熟卵泡就会退化衰老，逐渐被吸收。母兔卵巢内经常有不同发育阶段的卵泡，当受到刺激后，这些卵泡可以快速生长、成熟。

4. 什么是母兔的假孕现象?

母兔存在假孕现象，当母兔排卵后未受精，而黄体尚未消失，就会出现假孕现象。假孕时间可延续16~17天。假孕母兔的表现：拒绝公兔交配，乳腺有一定程度的发育，有拉毛和衔草做窝现象，甚至分泌少量乳汁。

5. 什么是家兔的拉毛行为?

母兔妊娠以后，在产前2~3天开始衔草做窝，并将胸部毛拉下铺在窝内，这种行为持续到临产，大量拉毛则出现在临产前3~5小时。

6. 什么是公兔的“夏季不育”现象?

公兔的“夏季不育”现象是指当外界温度超过30℃时，公兔食欲下降，性欲减退，射精量减少；持续高温时，可使睾丸产生的精子减少，死精子和畸形精子比例增高，甚至不产生精子。

第五节　家兔的皮肤及被毛

1. 家兔的体温调节能力怎样?

家兔体温调节机能不完善，因其被毛浓密，缺乏汗腺，所以出汗和皮肤散热能力不如其他家畜。兔散热的主要途径是呼吸和排泄。当外界温度升高时，家兔只能通过增加呼吸次数来达到散热的目的，但是这种方式散热有一定限度。高温时应供给充足饮水，促进排泄，加强体热的散发。兔对环境温度变化的适应，存在着明显的年龄差异。仔兔出生时，因其调节体温的能力最差，故要求较高的外界温度(30~32℃)，以后随着年龄增长，对体温的调节能力逐步增强，到10日龄才初步具有调节体温的能力，30日龄时被毛已长齐，调节机能进一步加强。因此，幼兔阶段要求较高的环境温度，在较低的温度条件下则难以维持正常体温，而成年兔正相反，抗寒冷而不耐高温。

2. 家兔的被毛有什么特点?

家兔的毛有粗毛和绒毛两种。粗毛长而粗，起保护作用；绒毛则短而软，有保温作用。

3. 为什么家兔会换毛、脱毛?

换毛可分为年龄性换毛、季节性换毛、病理性换毛和不定期换毛。

(1) 年龄性换毛。兔到出生后 30 天形成被毛，以后一生中，家兔有两次年龄性换毛，第一次换毛在 50~80 日龄，第二次换毛在 120~140 日龄。年满 6.5~7.5 月龄后则和成年兔一样换毛。

(2) 季节性换毛。每年在春季（3—4 月）和秋季（9—10 月）各换毛一次。

(3) 病理性换毛。当家兔患有某些疾病时，或长期营养不良使新陈代谢发生障碍，或皮肤营养不良等情况下，发生全身或局部的脱毛现象。

(4) 不定期换毛。这种换毛在兔体身上表现不明显，主要决定于毛囊生理状态和营养情况，在个别毛纤维生长受阻时发生。这种换毛不受季节影响，可在全年任何时候出现，一般老年兔比幼年兔表现明显。

4. 家兔的换毛有规律吗?

家兔的换毛有规律。家兔在每年的春末夏初天气渐热时，便要换一次毛，换上的毛是粗毛多、绒毛少，有利于在夏天散发体温。到了秋末冬初天气渐冷时，又要换毛一次，换上的毛是粗毛少、绒毛多，有利于在寒冷的冬天保温。

5. 为什么关在同一笼的兔会相互咬吃兔毛?

关在同一笼的兔会相互咬吃兔毛，其原因可能是饲养密度过大，饲料中缺乏蛋氨酸、维生素和粗纤维等。当出现相互咬吃兔毛现象时，要及时采取相应措施，如减少每个兔笼内的饲养只数，在日粮中添加 0.2%的蛋氨酸，每天投喂适量青粗料等。

第三章　兔场建设

第一节　兴办兔场的要素

1. 设计兔舍和饲养设备时要考虑哪些因素?

兔舍必须符合家兔的生活习性，设计上应有利于家兔的生长发育和配种繁殖，有利于保持清洁卫生和防止疫病传播。

兔舍应准备防雨、防潮、防风、防寒、防暑和防兽害的设施设备。要求兔舍达到通风干燥，光线充足，冬暖夏凉的良好状态。兔舍屋顶应有覆盖物和隔热性能；墙壁应坚固、平滑，便于除垢、消毒；地面应坚实、平整，一般应高出兔舍外地面20~25cm。

2. 兔场的建筑布局要注意什么?

既要做到利用土地经济合理，布局整齐紧凑，又要遵守卫生防疫规范。

（1）生产区。生产区是兔场的核心区，是总体布局中的主体，应慎重考虑。按主风向依次为种兔舍——幼兔舍——生产兔舍等。为便于通风，兔舍长轴应对准夏季主导风，使布局整齐紧凑，利用土地经济合理。生产区应有栏墙隔离，门口需设置消毒池。

（2）生活管理区。包括生活、管理及附属设施（剪毛室、人工授精室、饲料贮藏与加工室等）。与社会联系频繁，宜安排在兔场上风口一角。生活管理区应与生产区有栏墙分隔，外来人员及车辆只能在生活管理区活动，不准进入生产区，以利防疫卫生工作。

（3）隔离区。一般良种兔场都应设有隔离兔舍，购入的种兔或淘汰种兔以及病兔都要放进隔离兔舍饲养观察。隔离区应建在下风向，离健康兔舍较远。

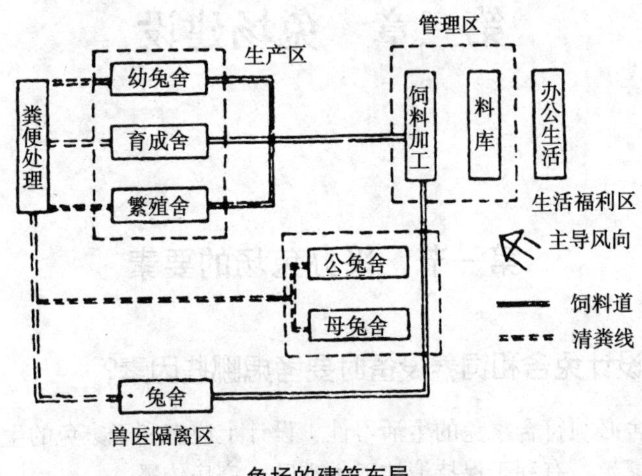

兔场的建筑布局

3. 兔舍建造有什么要求?

为了充分发挥家兔的生产潜力，提高养兔的经济效益，建舍时必须遵循下述基本要求。

（1）兔舍设计。必须符合家兔的生活习性，应有利于家兔的生长发育和配种繁殖，做到地势高燥、背风向阳，运输和取水方便，便于饲养管理、清扫、消毒和积肥，有利于保持清洁卫生和防止疫病传播。

（2）兔舍环境。应便于实行科学的饲养管理，以减轻劳动强度和提高工作效率。固定式多层兔笼总高度不宜过高，为便于清扫、消毒，双列式道宽以1.5m左右为宜，粪水沟宽应不小于0.3m。兔舍内干燥、空气流通、光线充足、冬暖夏凉。温度5~30℃（最适15~22℃），相对湿度60%~65%。

（3）建筑材料。因地制宜，就地取材，尽量降低造价，节约投资。由于家兔有啮齿行为和打洞的特殊本领，因此，建筑材料宜选用砖、石、水泥、竹片及网眼铁皮等，具有防腐、保温、坚固耐用等特点。

（4）兔舍容量。一般大、中型兔场，每幢兔舍以饲养成年兔

100~200只为宜，根据具体情况分隔成小区，每区100只左右。兔舍规模应与生产责任制相适应，据生产实践经验，一般每个饲养间以100个笼位较为适宜，把公、母兔饲养、配种和仔兔培育全部承包给饲养员，权、责、利明确，效果较好。

第二节 场址选择

1. 对养兔场地址有哪些基本要求?

选择兔场场址，主要考虑家兔的生活习性和建场地点的自然和社会条件，理想的兔场场址应具备以下条件。

（1）地势高燥平坦。兔场应选择地势高燥、平坦，背风向阳，排水良好的地方。如在山区建场，应选择坡度小、比山底高一些的暖坡。低洼、山谷、背阴地区不宜兴建兔场。场址的地下水位应在2m以下，地势过低、过高均有损家兔健康。

（2）交通方便。兔场应选择在环境安静、交通方便的地方，远离村镇，最低应不少于500m；距离交通干线300m以上，一般道路100m以外；兔场之间要至少有50m的间距。大型兔场四周应有围墙，如能依靠天然屏障与外界相隔最理想，可设专用道与交通干线相接，以利防疫卫生。

（3）水源充足卫生。兔场每天需水量很大，水源应干净、无污染，水质要好。深井水、自来水和泉水最理想，不要用坑水。

（4）兔场朝向。兔场建设应背风向阳，一般兔舍应该坐北朝南，以保证兔舍内有充足的光照，夏季则能避免过多的日照。我国大部分地区夏季盛行东南风，冬季多东北风或西北风。

（5）社会联系。建造兔场还要注意综合利用资源和生态的良性循环，以不断提高经济效益和社会效益。兔场不能成为周围环境的污染源，同时也不能受到周围环境的污染，兔场应建在居民点的下风头而又离开居民点的排污口。

（6）青绿饲料种植区。为了保证草料的干净，避免因外购草料带进细菌、病毒而使家兔发病，附近至少应备一定面积的青绿饲料种植区，还可以降低成本，保证青绿饲料的及时供应。

（7）注意土质。沙壤土是最理想的土质，颗粒大、易渗水，有利于保持兔场干燥，也有利于防病，又利于人的操作。另外，沙壤土强度大，有助于承受兔舍对地面的压力，北方即使在冬季气温低、土壤结冻或化冻时，墙基也不至于变形和下沉，地上建筑也能保持端正，沙壤土使用年限也优于其他，如黄土、黏土。

2. 建筑兔舍时有哪些基本要求？

（1）要符合家兔的生物学特性，有利于环境控制和卫生防疫，便于饲养管理和提高劳动效率。

（2）兔舍基础应坚固耐久，用材要因地制宜，就地取材。

（3）兔舍门要结实，开启方便，关闭严实，一般向外拉启。

（4）兔舍的排污设施，如粪尿沟、沉淀池、暗沟、关闭器及蓄粪池等，应能及时将舍内粪尿排出。粪尿沟应有一定的坡度（1%左右），表面光滑，做防渗处理。

（5）兔舍的高度应根据笼具形式及气候特点而定。

（6）兔舍的跨度没有统一规定，一般来说，单列式应控制在3m以内，双列式在4m左右，三列式5m左右，四列式6~7m；兔舍的长度没有严格的规定，一般控制在50m以内。

3. 怎样设计与建设小型兔场？

小型兔场一般是指基础母兔在100只以下的兔场，多数是一个家庭利用业余时间和辅助劳动力所进行的副业活动。

为了降低建筑投资费用，家庭小规模兔场场址一般无需专门申请建筑用地的审批，可充分利用农家空闲庭院，采取室内和室外结合式养殖。在空闲的庭院留出一侧建筑简易棚舍，方向根据庭院具体情况，南北或东西均可。按照种兔舍面积与育肥舍面积1：1.5的比例，饲养50只基础种兔需要的使用面积40~70m^2。

4. 设计与布局大型兔场需要考虑哪些主要因素？

大型兔场与小型兔场不同，应按照畜牧建筑学的要求去设计和建造兔场。对场址选择要结合家兔的生物学特性，考虑地势、水源、土质、交通及电力、周围环境、朝向、面积和地形等因素。且兔场布局应合理安排生产区、管理区、生活区和兽医隔离区；安排好兔舍的朝向、间距和道路。

第三节 兔舍类型和兔笼设计

1. 兔舍主要有哪些类型?

兔舍类型应依饲养方式而定。我国地域辽阔，气候条件各异，饲养方式不同，因而出现了各种不同的兔舍类型。

（1）棚式兔舍。只有屋顶而四周无墙壁，屋顶下放置兔笼或设网状围栏。我国南方地区以及国外一些温差较小地区均有采用。优点是结构简单，取材方便，投资少，通风好，光线充足，管理方便，特别适宜饲养青年兔、幼兔。缺点是冬季保温困难、昼夜温差大，无法防止雨雪的侵袭。

棚式兔舍

（2）半敞开式兔舍。这类兔舍一面或两面无墙，兔笼后壁相当于兔舍墙壁。在江苏、浙江等南方温暖地区较为多见。半敞开式兔舍根据兔笼排列又可分为单列式与双列式两种。

单列半敞开式兔舍：利用 3 个叠层兔笼的后壁作为北墙，南面有墙或设半墙。其优点是结构简单，造价低廉，通风良好，管理方便，冬季便于保温，夏季易于散热，有利于幼兔生长发育和防止疾病发生。缺点是舍饲密度较低，单笼造价较高。

单列半敞开式兔舍

双列半敞开式兔舍：中间为饲喂通道，两侧为相向的两列兔笼，兔舍的南墙和北墙即为兔笼的后壁，屋架宜接放在兔笼后壁上，墙外有清粪沟。其优点是单位面积内笼位数高，造价低廉，室内有害气体少，湿度低，管理方便，夏季能通风，冬季也较易保温。缺点是易遭兽害。总之，这类兔舍利大于弊，特别适合于中、小型兔场和专业户采用。

双列半敞开式兔舍

（3）室外笼舍。在户外以砖块、石头或水泥件砌成的笼舍合一结构，一般两层或三层，重叠式。种母兔舍可设产仔间。舍的上部覆以较大的顶，以遮阳挡雨。

室外笼舍

（4）无窗兔舍，即环境控制舍。该种舍没有窗户，舍内的温度、湿度、气流、光照等全部人工控制在适宜范围内。

无窗兔舍

2. 兔笼设计有哪些要求?

（1）兔笼应适应家兔的生物学特性，耐啃咬、耐腐蚀、易清理、易消毒、易维修、易拆卸、防逃逸、防兽害等。

（2）操作方便，结构合理，可有效利用空间。各种饲养用具（如饲槽、饮水器、草架、产箱和记录牌等）应便于在笼内安置，并便于取用。

（3）可移动或可拆卸的兔笼，力求坚固，重量较小，结构简单，不易变形和损坏。

（4）选材尽量经济，造价低廉。

（5）尺寸适中，一般笼宽、笼深、笼高分别为70~80cm、50~55cm和35~40cm。

兔笼设计

3. 完整的兔笼由哪几部分组成?

一个完整的兔笼应由笼体及附属设备组成。笼体由笼门、底网、侧网、后网和顶网及承粪板等组成。

（1）笼门。可用电焊网、细铁棍、竹板或塑料等制作。笼门的宽度一般 30~40cm，高度与笼前高相同或稍低些。

笼门

（2）底网。是兔笼最关键的部件，要求平整、坚固、耐腐蚀、抗啃咬、易清理。成年种兔底网间隙以 1.2cm 为好，幼兔笼底网 1~1.1cm。目前，生产中使用的底网主要有竹板和电焊网两种类型，竹板较电焊网好些。

底网

底网

（3）侧网、后网和顶网。它们仅起到防逃和隔离作用，网孔间隙可适当大些。但是，侧网和后网的底部同样需要加密处理，以防止小兔外逃。相邻的笼子间家兔有互相吃毛的现象，因此，侧网间隙不可太大。

侧网、后网和顶网

（4）承粪板。是笼底网下面的板状物品，其功能是承接粪尿，防止污染下面的笼具和家兔，是重叠式和半阶梯式兔笼的必备部件，要求平滑、坚固、耐腐蚀、重量轻。其材料有玻璃钢、石棉瓦、水泥板、油毡纸和塑料板等。一般为前高后低式倾斜，后面要超出笼后缘5~8cm，防止将尿液流入下面的笼具。

承粪板

4. 兔笼一般做几层高？

按照兔笼的层数多少一般有单层、双层和三层兔笼。

（1）单层兔笼。兔笼在同一水平面排列。饲养密度小，房舍利用率低。但通风透光好，便于管理，环境卫生好。适于饲养繁殖母兔。养兔发达国家和地区（如美国）种兔多采用单层悬挂式兔笼。

（2）双层兔笼。利用固定支架将兔笼上下两个水平面组装排列。较单层兔笼增加了饲养密度，管理也比较方便。

（3）多层兔笼。由三层或更多层笼组装排列。饲养密度大，房舍利用率高，单位家兔所需房舍的建筑费用小。但层数过多，最上层与最下层的环境条件差别较大，操作不方便，通风透光不好，室内卫生难以保持。一般不宜超过三层。

5. 如何确定兔笼的规格？

兔笼过大，虽然有利于家兔的运动，但笼具成本高，笼舍利用率低，管理也不方便。笼具过小，家兔运动不足，密度过大，不利于家兔的活动，还会导致某些疾病的发生。在中国，一般认为，标准兔笼的尺寸为：笼宽 70cm，笼深 50cm，笼高为 40cm。

一般来说，笼宽为家兔体长的 1.5~2 倍，笼深为家兔体长的 1.1~1.3 倍，笼高为家兔体长的 0.8~1.2 倍。

6. 常用的饲料槽有哪些种类？

饲料槽是饲喂家兔的器具，其形式多样，常见的有以下几种。

（1）大肚饲槽。以水泥或陶瓷为原料制作，其特点是口小中间大，呈大肚状，故而得名。其优点是可防止扒食和翻槽；缺点是只能放在笼子里面，占用笼底面积，而且加料麻烦，需开门后方可加料。本饲槽适用于小规模家庭兔场。

（2）翻转饲槽。一般以镀锌板制作，呈半圆柱状，以两端的轴固定在笼门上，并可呈一定角度内外翻转。外翻时，可从笼外加料；内翻时，兔可采食。为了防止兔子扒食，口的内沿往里卷成 0.5~1cm 的沿。

（3）长柄饲槽。以镀锌板弯成一个“J”形弯曲，弯曲的下部呈半圆形，然后以半圆形的木片或以铁片将两端堵封成槽。在笼门的一定位置留出大于饲槽的方形口，将饲槽的下端放入口的下部。在饲槽的中下部安装一个转轴并将两端固定。由于饲槽的盛料部分在下部，靠重力作用饲槽自然下垂，兔可自由采食。当需要加料时，可在笼外按压长柄，露出料斗，可将饲料加入料槽里面。本饲槽制作简便，操作方便，具有较强的使用价值。

7. 常见产仔箱有哪些种类？

产仔箱是人工模拟洞穴环境，供母兔产仔育仔的设施。产箱的大小、形状、制作材料、产箱内的垫草及产箱的摆放位置等都对仔兔成活率及发育有较大影响。

常见的产箱有月牙缺口产箱、平口产箱、斜口产箱、电热产箱、悬挂式产箱和下悬式产箱等。

常见产仔箱

第四章　兔场的环境及其控制

1. 环境对家兔生产有哪些影响?

（1）家兔对环境影响的反应。家兔对环境影响的反应十分敏锐，只有高度育成的品种兔才比地方品种兔迟钝。所以在建场、建舍或制作笼具时应考虑这一特点，千方百计减少环境应激的影响。

（2）不良环境对家兔的危害。环境因素的不良刺激可直接影响家兔的生产力，环境的变化不同程度地改变着家兔的生理状态、新陈代谢、激素分泌、饲料消耗、生长发育、性成熟、生活能力、活动方式、繁殖哺乳和泌乳状况等，环境变化越大，时间越长，这种影响越大。在家兔生产中，彻底消除应激因素的影响是不可能的，但可以减少和控制环境的不良影响。

（3）模拟和创造可提高家兔的生产力。模拟就是模仿，如制作家兔产仔箱，就是模拟家兔野生时的洞穴环境。创造是以家兔的习性、行为、生理等为依据，人为地加以改进和创新，使环境更有利于生产潜力的发挥。养兔不进行科学的模拟和创造，会使家兔死亡惨重。

高水平的工厂化养兔，给家兔创造了四季如春的、稳定的兔舍环境，这种基本恒温、恒湿、通风良好的条件使肉兔由年产 4 窝提高到 8~10 窝，明显地提高家兔的生产效益。

2. 家兔对温度有什么要求?

家兔最适宜的环境温度为 15 ~ 25℃，其中，初生仔兔为 30 ~ 32℃，成年兔为 10 ~ 25℃，临界温度为 5 ~ 30℃。环境温度超过

30℃，只要连续几天，就会使家兔繁殖力下降，公兔精液品质恶化，母兔难孕，胚胎早期死亡率增加。如果环境温度超过 35℃，将出现虚脱，甚至死亡。

对肉兔来讲，高温环境要比低温更为不利；长毛兔因汗腺极不发达，体表又有浓密的被毛，所以对环境温度非常敏感，长毛兔对低温有较强的耐受力，长毛兔采毛前后对环境温度的要求差别较大。

3. 兔舍的人工控温有几种方式?

兔舍的人工增温：冬繁、冬育应给兔舍进行人工增温。主要措施有：一是集中供热；二是局部供热。另外，建地下室，设立单独的供暖育仔间、产房等也是有效而经济的方式之一。兔舍的人工散热与降温主要措施：一是舍前植树，绿化工作搞得好的兔场，夏季可降温 3~5℃，相对湿度可提高 20%~30%；二是加强兔舍通风，但使用风机时应注意不要直吹兔体；三是洒水；四是喷雾；五是空调降温。

4. 家兔生活的理想相对湿度是多少? 怎样调节兔舍相对湿度?

湿度往往伴随温度对家兔产生影响，在高温高湿的环境下，机体散热非常困难，对体热调节都是不利的，易患球虫病、疥癣病、霉菌病和湿疹等皮肤病，还很容易使饲料发霉而引起霉菌毒素中毒。而过于干燥，则使黏膜干裂，降低兔对病原微生物的防御能力。家兔生活的理想相对湿度为 40%~60%。为降低舍内的湿度，可以加强通风，或撒生石灰、草木灰等，阴雨潮湿季节舍内清扫时尽量少用水冲洗。

5. 兔舍有害气体如何控制？

舍内温度越高，饲养密度越大，有害气体浓度越高。家兔对空气质量比对湿度更为敏感，如氨浓度超过 20mL/m^{3}时，常常诱发各种呼吸道病、眼病等，尤其可引起巴氏杆菌病蔓延，使种兔失去利用价值，严重降低效益。

（1）兔舍有害气体允许浓度标准。氨 < 30mL/m^3；二氧化碳<3 500mL/m^3；硫化氢<10mL/m^3。

（2）有害气体的控制措施。通风是控制兔舍有害气体的关键措施，但应根据兔场所在地区的气候、季节、饲养密度等严格控制通风量和风速。兔体附近风速不得超过 0.5m/s。此外，在控制有害气体时，尚需及时清除粪尿，减少舍内水管、饮水器的渗漏，经常保持兔笼底网的清洁干燥。

6. 噪音对家兔有什么影响？

家兔具有胆小怕惊的特点，噪音对家兔产生非常不利的影响。比如，突然的噪音可引起妊娠母兔流产；产仔期母兔难产；哺乳期母兔泌乳量急剧减少，甚至出现无乳症；母兔拒绝哺乳，甚至残食或踏死仔兔；生长兔遭到惊吓后生长受阻，甚至造成瘫痪、腹泻或突然死亡等。家兔要求环境的噪音在 85 分贝以下，保持安静的环境是养兔的一个基本原则。

7. 光照对家兔有何影响，如何调节兔舍光照？

家兔对光照的反应远没有对温度及有害气体敏感。光照对生长兔的日增重和饲料报酬影响较小，而对家兔的繁殖性能和肥育效果影响较大。此外，光照还影响家兔季节性换毛。无论是光照从长到短，还是从短到长，都会导致换毛。

目前对兔舍光照控制着重在光照时数，繁殖母兔每日光照 14～16 小时，种公兔可稍短些，每日光照 8～12 小时，仔兔、幼兔需要光照较少，尤其仔兔一般供约 8 小时弱光即可，育肥兔光照 8～10 小时。据试验，连续光照 24 小时，可引起家兔繁殖的紊乱。一般家兔每天光照不宜超过 16 小时，光照强度约 20lx 为宜，但繁殖母兔需要强度大些，可用 20～30lx。普通兔舍多依门窗供光，一般不再补充光照，但应避免阳光直接照射兔体。

8. 灰尘对家兔有什么危害？

兔舍空气中飘浮有大量尘埃、饲料粉尘、垫草、土壤微粒、被毛和皮肤碎屑等，直径 0.1～10μm。其中，在 5μm 以下的危害最大。细小微粒物所引起的危害可以是急性的，也可以是长期作用产生慢性中毒。为了减少兔舍中灰尘与微生物的含量，兔舍应尽量避免使用生地面；防止舍内过分干燥；如饲喂粉料时，要将粉料充分拌湿；同时，兔舍要适当通风。此外，在兔舍周围种植草皮，也可使空气中的含尘量减少5%。

9. 对兔舍环境有哪些具体要求？

根据家兔既怕热又怕冷、喜净怕脏、喜干怕湿、易感性强、缺乏进攻能力等特点，同时考虑养兔的投入产出比，兔舍的建造应有如下基本要求。

（1）为保证兔舍冬暖夏凉，建舍方向应坐北朝南；建舍的材料和方法，在温带地区要考虑良好的保温性能，在热带和亚热带应具有良好的隔热性能。

（2）建舍应力求地面及四壁平整光滑，使之容易消毒、维修及洗刷，并设易于排出的粪尿沟。

（3）在雨量充沛地区，建舍时应加长屋顶前后檐，以防淋湿墙体或雨水吹入兔舍内；舍内上、下设窗或设通风气窗，有条件可设排气扇，及时排出湿气。在地下水位高的地方应加高地基，使舍内地面高于水平地面30cm，或设高架兔笼，或开好排水沟。

（4）家兔易感染多种疾病，对小环境净化要求十分严格。故而兔舍建得不能过大，即使大型兔场也应提倡分单元饲养，即每栋兔舍饲养基础母兔以50~100只为宜，控制条件较差的兔场其每栋兔舍饲养家兔的数量宜更少。

（5）因家兔缺乏进攻能力，蛇、鼠、黄鼬、狼、狗、猫头鹰、猫等均可危害家兔，尤其对仔兔、幼兔危害更大。因此建舍时，应考虑有利于抵御兽害，兔舍窗上应设粗眼窗纱。

（6）建舍既要注意符合家兔的行为和生理特点，创造舒适的环境，同时，又要重视养兔效益。根据饲养的类型、品种、任务以及经济状况，确定兔舍的形式、结构、设施，要做到经济实用，因地制宜。

第五章　家兔品种

第一节　品种分类方法

1. 家兔品种如何分类?

可从用途方面再分成四大类，分别是肉兔（食用)、皮兔（皮用)、毛兔（毛用）和宠物兔（宠物用)。另外根据兔子体型上的差别，分成小型兔、中型兔和大型兔，小型兔的体重大概是 0.9~2.7kg，中型兔体重 2.7~4.1kg，而大型兔的体重 4.1~5kg。根据兔子毛发的长短分为长毛兔和短毛兔；耳朵的长短特征不同分为竖耳兔和垂耳兔。

2. 专业化养兔主要有哪些优良品种?

兔子的祖先是分布于欧洲、非洲等地的野生穴兔，现在世界上的兔子品种超过 150 多种，世界各地都饲养着不同品种的兔子，比较优秀的有比利时兔、雷克斯兔、安哥拉兔等。虽然兔的种类很多，但根据美国兔子繁殖者协会（ARBA）的资料，纯种兔大概可分成 45 种，主要有以下优良品种：荷兰垂耳兔、比利时兔、安哥拉兔、雷克斯兔、荷兰兔、新西兰兔、海棠兔（熊猫兔)、小型垂耳兔、法国垂耳兔、喜马拉雅兔、英国兔、佛罗里达州兔、美国黄褐家兔、比利时野兔、加利福尼亚兔、太行山兔（虎皮黄兔)、塞北兔、哈白兔等。

第二节　品种介绍

1. 肉用品种有哪些，生产性能如何？

肉兔品种很多，按体型大致可分为大中小3型。体重5kg以上者为大型兔；3~5kg为中型兔；3kg以下为小型兔。我国饲养数量较多的肉兔品种，主要有以下几种。

（1）新西兰兔。原产于美国，是近代最著名的优良肉兔品种之一，世界各地均有饲养。

新西兰兔

外貌特征：新西兰兔有白色、黑色和红棕色3个变种。目前饲养量较多的是新西兰白兔，被毛纯白，眼呈粉红色，头宽圆而粗短，耳宽厚而直立，臀部丰满，腰肋部肌肉发达，四肢粗壮有力，具有肉用品种的典型特征。

生产性能：新西兰兔体型中等，最大的特点是早期生长发育较快。在良好的饲养条件下，8周龄体重可达1.8kg，10周龄体重可达2.3kg。成年体重：公兔4~5kg，母兔4.5~5.5kg。繁殖力强，平均每胎产仔7~8只。

主要优缺点：新西兰兔的主要优点是产肉力高，肉质良好，适应性和抗病力较强。主要缺点是毛皮质量较差，利用价值低。但用新西兰白兔与中国白兔、日本大耳兔、加利福尼亚兔杂交，则能获得较好的杂种优势。

（2）加利福尼亚兔。该兔原产于美国加利福尼亚州，系由喜马拉雅兔、青紫蓝兔和新西兰白兔杂交育成，是现代著名皮肉兼用兔品种之一。加利福尼亚兔皮毛为白色，鼻端、两耳、尾及四肢下部为黑色，故称“八点黑”。幼兔色浅，随年龄增长而颜色加深；冬季色深，夏季色淡。耳小直立，颈粗短，肩、臀部发育良好，肌肉丰满，眼呈红色。生产性能：该兔体型中等，仔兔初生重 60~70g，周龄体重达 1. 0~1. 2kg，3 月龄体重可达 2. 5kg 以上。成年体重：公兔 3. 6~4. 5kg，母兔 3. 9~4. 8kg。繁殖力强，平均每胎产仔 7~8 只。

主要优缺点；该兔种的主要优点是早熟易肥，肌肉丰满，肉质肥嫩，屠宰率高。母兔性情温驯，泌乳力高，是有名的“保姆兔”。主要缺点是生长速度略低于新西兰兔，断奶前后饲养管理条件要求较高。

（3）比利时兔。产于比利时，系由比利时贝韦伦野生穴兔改良而成的大型肉兔品种。

比利时兔

外貌特征：比利时兔被毛呈黄褐色或栗壳色，毛尖略带黑色，腹部灰白，两眼周围有不规则的白圈，耳尖部有黑色光亮的毛边。眼睛为黑色，耳大而直立，稍倾向于两侧，面颊部突出，脑门宽圆，鼻骨隆起，类似马头，俗称“马兔”。

生产性能：该兔体型较大，仔兔初生重 60~70g，最大可达 100g 以上，6 周龄体重 1. 2~1. 3kg，3 月龄体重可达 2. 3~2. 8kg。成年体重：公兔 5. 5~6. 0kg，母兔 6. 0~ 6. 5kg，最高可达 7~9kg。繁殖力强，平均每胎产仔 7~8 只，最高可达 16 只。

主要优缺点：该兔种的主要优点是生长发育快，适应性强，泌乳力高。比利时兔与中国白兔、日本大耳兔杂交，可获得理想的杂种优势。主要缺点是不适宜于笼养，饲料利用率较低，易患脚癣和脚皮炎等。

（4）公羊兔。又名垂耳兔，是一个大型肉用品种。公羊兔因其两耳长宽而下垂，头型似公羊而得名。被毛颜色以黄色者居多。头粗糙，眼小，颈短，背腰宽，臀圆，骨粗，体质疏松肥大。该品种兔早期生长发育快，40天断奶重可达1.5kg，成年体重6~8kg，最高者可达9~10kg。耐粗饲，抗病力强，易于饲养。性情温顺，不爱活动，因过于迟钝，故有人称其为“傻瓜兔”，其繁殖性能低，主要表现在受胎率低，哺育仔兔性能差，产仔少。该品种兔与比利时兔杂交，效果较好，二者都属大型兔，被毛颜色比较一致，杂交一代生长发育快，抗病力强，经济效益高。

公羊兔

（5）齐卡肉兔。齐卡家兔育种中心和慕尼黑大学联合育成的、当前世界上著名的肉兔配套品系之一。我国在1986年由四川省畜牧兽医研究所首次引进、推广并试验研究。该配套系由3个品系组成：g系称为德国巨型白兔，n系为齐卡新西兰白兔，z系为专门化品系。生产商品肉兔是用g系公兔与n系母兔交配生产的gn公兔为父本，以z系公兔与n系母兔交配得到的zn母兔为母本。在德国的全封闭式兔舍、标准化饲养条件下，其配套生产的商品兔，84日龄平均体重达2.8~3.0kg，每胎平均产仔8.2只，肥育成活率为85%。经过四川省畜牧兽医研究所6年的培育与选择，齐卡肉兔在我国开放式饲养条件下，其主要生产性能，恢复或超过引进原种的生产成绩，引种获得成功。三系选育群g系（141只）、n系（102只）、z系（187只）成年体重分别为5.79kg、4.55kg、3.56kg。162只试验商品肉兔3月龄体重为2.53kg，肥育成活率为96%，屠宰率为52.9%，胴体背腰宽，后躯肌肉丰满。

齐卡肉兔

（6）艾哥肉兔。艾哥肉兔配套系，在我国又称布列塔尼亚兔，是由法国艾哥（elco）公司培育的肉兔配套系。艾哥肉兔配套系由4个系组成，即gplll系、gpl21系、gpl72系和gpl22系。其配套杂交模式为：gplll系公兔与gpl21系母兔杂交生产父母代公兔（p231），gpl72系公兔与gpl22系母兔杂交生产父母代母兔（p292），父母代公母兔交配得到商品代兔（pf320）。gplll系兔，毛色为白化型或有色，性成熟期26~28周龄，成年体重5.8kg以上，70日龄体重2.5~2.7kg，28~70日龄饲料报酬2.8：1。

gpl21系兔，毛色为白化型或有色，性成熟期121日龄，成年体重5.0kg以上，70日龄体重2.5~2.7kg，28~70日龄饲料报酬3.0：1，每个母兔笼位年生产断奶仔兔50只。

gpl72系兔，毛色为白化型，性成熟期22~24周龄，成年体重3.8~4.2kg，公兔性能力较强。gpl22系兔，性成熟期117日龄，成年体重4.2~4.4kg，每只母兔年生产父母代母兔25~30只。父母代公兔（p231），毛色为白色或有色，性成熟期26~28周龄，成年体重

5.5kg以上，28~70日龄日增重42g，饲料报酬2.8：1父母代母兔（p292），毛色白化型，性成熟期117日龄，成年体重4.0~4.2kg，胎产活仔9.3~9.5只；商品代兔（pf320）70日龄体重2.4~2.5kg，饲料报酬（2.8~2.9）：1。

2. 皮用品种有哪些，生产性能如何?

以皮用品种划分，兔的分类比较多，主要是獭兔系列，獭兔的色型是区别不同品系的重要标志，也是鉴别毛色纯正度和商品价值的重要指针之一。獭兔的色型很多，据国外报道，已达20余种，其中以白色、黑色、红色、青紫蓝色和加利福尼亚色较为流行。这里介绍十四种。

（1）白色獭兔。全身被毛洁白，富有光泽，没有任何污点或杂色毛，是毛皮工业中最受欢迎、最有价值的毛色类型之一。目前所见的白色獭兔均为白化体，即眼睛呈粉红色，爪为白或玉色。被毛带污色、锈色或黄色，或带有其他杂毛者，都属于缺陷。

（2）黑色獭兔。全身被毛纯黑，柔软绒密，每根毛纤维自基部至毛尖均呈炭黑色，且富有光泽，既不呈褐色，也不带锈色，是毛皮工业中较受欢迎的毛色类型之一。眼睛呈黑褐色，爪为暗色。被毛带褐色、棕色、锈色、白斑或杂毛者，均属缺陷。

（3）红色獭兔。全身被毛为深红色，一般背部颜色略深于体侧部，腹部毛色较浅。最为理想的被毛颜色为暗红色，是毛皮工业中较受欢迎的毛色类型之一。眼睛呈褐色或榛子色，爪为暗色。腹部毛色过浅或有锈色、杂色与带白斑者，均属缺陷。

（4）蓝色獭兔。全身被毛为纯蓝色，柔软似绒，自基部至毛尖色泽纯一，为最早育成的獭兔色型之一，是各类獭兔中毛绒最柔软的一种，属毛皮工业中较受欢迎的毛色类型之一。眼睛呈蓝色，爪为暗色。被毛带霜色、锈色、白色、杂色或带白斑者，均属缺陷。

（5）青紫蓝獭兔。全身被毛基部为瓦蓝色，中段为珍珠灰色，毛尖部为黑色。颈部毛色略浅于体侧部，背部毛色较深；腹部毛色呈浅蓝或白色。眼睛呈棕色、蓝色或灰色，眼圈线条清晰，有浅珍珠灰色狭带，爪为暗色。被毛带锈色或淡黄色，白色或胡椒色，毛尖部毛色过深或四肢带斑纹者，均属缺陷。

(6) 加利福尼亚獭兔。全身被毛除鼻端、两耳、四肢下部及尾为黑色外，其余部位均为纯白色，即一般所称的“八点黑”。黑白界限明显，色泽协调而布局匀称，毛绒厚密而柔软。眼睛呈粉红色；爪为暗色。鼻端、两耳、四肢及尾部无典型黑色毛或黑毛中掺有白斑或杂色者，均属缺陷。

(7) 海狸色獭兔。全身被毛呈红棕色；背部，毛色较深；体侧部颜色较浅；腹部为淡黄色或白色。毛纤维的基部为瓦蓝色，中段呈深橙或黑褐色，毛尖部略带黑色。这是最早育成的獭兔色型之一，被毛绒密柔软，深受消费者欢迎。眼睛呈棕色；爪为暗色；被毛呈灰色，毛尖过黑或带白色、胡椒色，前肢有杂色斑纹者，均属缺陷。

(8) 蛋白石獭兔：全身被毛呈蛋白石色，毛纤维的基部为深瓦蓝色，中段为金褐色，毛尖部呈紫蓝色。背部毛色较深，腹部毛色较浅，多呈棕色或白色，体侧部的毛色显示出美丽的金黄色或金褐色。眼睛为蓝色或砖灰色，爪为暗色。被毛呈锈色或混有白色、杂色斑点，毛尖部或底毛颜色过浅者，均属缺陷。

(9) 花色獭兔：这类獭兔的被毛色泽可分为两种情况。一种是全身被毛以白色为主，杂有一种其他不同颜色的斑点，最典型的标志是背部有一条较宽的有色背线，面部有有色嘴环、有色眼圈和体侧有对称的斑点，颜色有黑色、蓝色、海狸色、猞猁色、紫貂色、海豹色、青紫蓝色、巧克力色、蛋白石色等。另一种是全身被毛以白色为主，同时杂有两种其他不同颜色的斑点，颜色有深黑色和橘黄色、紫蓝色和淡黄色、巧克力色和橘黄色、浅灰色和淡黄色等。花斑主要分布于背部、体侧和臀部，鼻端有蝴蝶状色斑。眼睛颜色与花斑色泽一致，爪为暗色。花色獭兔又称花斑兔、碎花兔或宝石花兔。花斑表现有一定的规律，呈一定的典型图案。具体表现是：两耳毛色相同，鼻部有花斑，背部、体侧、臀部均带有花斑，花斑面积一般占全身的10%~50%。

兔类皮肉兼用的品种相对少一些，主要有以下几种。

(1) 日本大耳兔。该兔原产于日本，是由中国白兔与日本兔杂交育成的优良皮肉兼用型品种。

日本大耳兔

外貌特征：日本大耳兔以耳大、血管清晰而著称，是比较理想的实验用兔。被毛紧密，毛色纯白，针毛含量较多；眼睛为红色，耳大直立，耳根细，耳端尖，形似柳叶状；母兔颌下有肉髯。

生产性能：日本大耳兔可分为3个类型：大型兔体重5~6kg，中型兔3~4kg，小型兔2.0~2.5kg。我国饲养较多的为大型兔，仔兔初生重60g左右，3月龄体重2.2~ 2.5kg。年产5~7胎，每胎产仔8~10只，最高达17只。

主要优缺点：该兔种的主要优点是早熟，生长快，耐粗饲；母性好，繁殖力强，常用作“保姆兔”，肉质好，皮张质量优良。主要缺点是骨架较大，胴体不够丰满，屠宰率、净肉率较低。

(2) 青紫蓝兔。该兔原产于法国，因毛色类似珍贵毛皮兽“青紫蓝绒鼠”而得名，是世界著名的皮肉兼用兔种。

外貌特征：被毛整体为蓝灰色，耳尖及尾面为黑色，眼圈、尾底、腹下和后额三角区呈灰白色。单根纤维自基部至毛梢的颜色依次为深灰色、乳白色、珠灰色、雪白色和黑色，被毛中夹杂有全白或全黑的针毛。眼睛为茶褐色或蓝色。

生产性能：青紫蓝兔现有3个类型。标准型：体型较小，成年母兔体重2.7~3.6kg，公兔2.5~3.4kg；美国型：体型中等，成年母兔体重4.5~5.4kg，公兔4.1~5kg；巨型兔：偏于肉用型，成年母兔体重5.9~7.3kg，公兔5.4~6.8kg。繁殖力较强，每胎产仔7~8只，

青紫蓝兔

仔兔初生重 50~60g，3 月龄体重达 2~2.5kg。

主要优缺点：该兔种的主要优点是毛皮质量较好，适应性较强，繁殖力较高，因而在我国分布很广，尤以标准型和美国型饲养量较大。主要缺点是生长速度较慢，因而以肉用为目的不如饲养其他肉用品种有利。

（3）丹麦白兔。该兔原产于丹麦，又称兰特力斯兔，是近代著名的中型皮肉兼用型兔。

丹麦白兔

外貌特征：丹麦兔被毛纯白，柔软紧密；眼红色，头较大，耳较小、宽厚而直立，口鼻端钝圆，额宽而隆起，颈粗短，背腰宽平，臀部丰满，体型匀称，肌肉发达，四肢较细；母兔颌下有肉髯。

生产性能：该兔体型中等，仔兔初生重45~50g，6周龄体重达1.0~1.2kg，3月龄体重2.0~2.3kg，成年母兔体重4.0~4.5kg，公兔3.5~4.4kg，繁殖力高，平均每胎产仔7~8只，最高达14只。

主要优缺点：丹麦白兔的主要优点是毛皮优质，产肉性能好，耐粗饲，抗病力强，性情温驯，容易饲养。主要缺点是体型较其他品种偏小而体长稍短，四肢较细。

（4）中国白兔。又称菜兔，是世界上较为古老的优良兔种之一，分布于全国各地，以四川成都平原饲养最多。

中国白兔

外貌特征：中国白兔体型较小，全身结构紧凑而匀称；被毛洁白，短而紧密，皮板较厚，头型清秀，耳短小直立，眼为红色，嘴头较尖，无肉髯，该兔种间有灰色或黑色等其他毛色，杂色兔的眼睛为黑褐色。

生产性能：中国白兔为早熟小型品种，仔兔初生重40~50g；30日龄断奶体重300~450g，3月龄体重1.2~1.3kg；成年母兔体重2.2~2.3kg，公兔1.8~2.0kg，繁殖力较强，年产4~6胎，平均每胎产仔6~8只，最多达15只以上。

主要优缺点：该兔种的主要优点是早熟，繁殖力强，适应性好，抗病力强，耐粗饲，是优良的育种材料，肉质鲜嫩味美，适宜制作缠丝兔等美味食品。主要缺点是体型较小，生长缓慢，产肉力低，皮张面积小，有待于选育提高。

（5）塞北兔。该兔种系由法系公羊兔与弗朗德兔杂交选育而成的肉皮兼用兔，主要分布于河北、内蒙古、东北及西北等地。

塞北兔

外貌特征：塞北兔的毛色以黄褐色为主，其次是纯白色和少量黄色；一耳直立，一耳下垂，或两耳均直立或均下垂；头略粗而方，鼻梁上有黑色山峰线，颈粗短；体躯匀称，肌肉丰满，发育良好。

生产性能：该兔种体型较大，仔兔初生重60~70g，30日龄断奶体重可达650~1 000g，在一般饲养管理条件下，2~4月龄月均增重达0.75~1.15kg，成年兔体重平均5.0~6.5kg，高者可达7.5~8.0kg。繁殖力强，每胎产仔7~8只，高者可达15~16只。

主要优缺点：塞北兔的主要优点是体型较大，生长较快，繁殖力较高，抗病力强，发病率低，耐粗饲，适应性强，性情温驯，容易管理。主要缺点是毛色、体型尚欠一致，有待于进一步选育提高。

（6）哈尔滨白兔。该兔种系由比利时兔、花巨兔、加利福尼亚兔、青紫蓝兔与哈尔滨本地白兔、上海大耳白兔等多品种杂交选育而成。

外貌特征：哈尔滨白兔全身被毛洁白，毛密柔软，眼睛红色，耳宽长而直立，前后躯发育匀称，上肢强健，体型较大。

生产性能：该兔种属大型肉兔新品种。早期生长发育速度快。仔

哈尔滨白兔

兔初生重平均 55. 2g，30 日龄断奶体重可达 650~1 000g，90 日龄达 2. 5kg，成年公兔体重 5. 5~6. 0kg，母兔 6. 0~6. 5kg。繁殖率高，平均窝产活仔数 8 只以上，21 天泌乳力 2 786. 7g。产肉率高，屠宰率：半净膛率 57. 6%，全净膛率 53. 5%，饲料转化率 3. 11 : 1。

该品种在我国饲养量较大，表现较好。但由于人们不重视选育，加之营养水平跟不上，在一些地方表现出生长速度慢、体型变小，应引起注意。

（7）花巨兔。又称德国花巨兔，原产于德国，由比利时兔和佛兰德兔等品种杂交育成。

花巨兔

主要特点：鼻、嘴环、眼圈及耳朵为黑色，从颈至尾根沿背有黑色长条背线，体两侧有对称蝶状斑块，其余被毛为白色。体型高大，体躯较长，呈现弓型。骨筋较粗重，腹部距地面较高。成年兔平均体重为5.0~6.0kg。性情活泼，行动敏捷，善于跳跃。繁殖力较强，每胎平均产仔11~12只，最高可达17~19只。

主要优缺点：母性不强，泌乳力不好，毛色的遗传不稳定，繁殖中常出现灰色和黑色个体。

（8）虎皮黄兔。又名太行山兔，原产于河北省并陉平台等县，是在中国经过7年选育而成的，是一个优良的地方品种。虎皮黄兔分标准型和中型两种。

虎皮黄兔

标准型兔：全身毛色为栗黄色，腹部毛为淡白色，头清秀，耳较短厚直立，体型紧凑，背腰宽平，四肢健壮，体质结实。成年兔体重，公兔平均3.87kg，母兔3.54kg。

中型兔：全身毛色为深黄色，臀两侧和后背略带黑毛尖，头粗壮，脑门宽圆，耳长直立，背腰宽长，后躯发达，体质结实。成年兔体重，公兔平均4.31kg，母兔平均4.37kg。虎皮黄兔耐寒，粗饲，抗病力和适应性特别强，遗传性能稳定，繁殖力高，年产5~7胎，胎均产仔8.2只，母兔母性好，泌乳力强。

3. 毛用品种有哪些，生产性能如何？

兔的品种类型很多，但长毛兔只是一个较典型品种，即安哥拉兔。现在各国饲养的长毛兔，都是引用安哥拉兔，但在不同的自然气候和饲养条件下，采用不同的繁殖和选育方法，培育形成了许多品系。

（1）德系安哥拉兔。该兔产于德国，是目前世界上饲养最普遍、产毛量最高的一个品系。我国自1978年开始引进饲养。

德系安哥拉兔

外貌特征：全身披厚密绒毛。被毛有毛丛结构，不易缠结，有明显波浪形弯曲。面部绒毛不甚一致，有的无长毛，亦有额毛、颊毛丰盛的，但大部分耳背均无长毛，仅耳尖有一撮长毛，俗称“一撮毛”。四肢、腹部密生绒毛；体毛细长柔软，排列整齐。四肢强健，胸部和背部发育良好，背线平直，头型偏尖削。

生产性能：德系兔体型较大，成年体重3.5~5.2kg，高的可达5.7kg，体长45~50cm，胸围30~35cm。年产毛量公兔为1 190g，母兔为1 406 g，最高可达1 700~2 000 g；被毛密度为每平方厘米16 000~18 000根，粗毛含量5.4%~6.1%，细毛细度12.9~13.2μm，毛长5.5~5.9cm。年繁殖3~4胎，每胎产仔6~7只，最高可达11~12只；平均乳头4对，多的5对；配种受胎率为53.6%。

主要优缺点：德系兔的主要优点是产毛量高，被毛密度大，细长柔软，有毛丛结构，排列整齐，不易缠结。主要缺点是繁殖性能较低，配种比较困难，初产母兔母性较差，少数有食仔恶癖等。适应性较差，公兔有夏季不育现象。

（2）法系安哥拉兔。该兔产于法国，选育历史较长，是目前世界上著名的粗毛型长毛兔。我国早在20世纪20年代就开始引进饲养，1980年以来又先后引进了一些新法系安哥拉兔。

法系安哥拉兔

外貌特征：全身披白色长毛，粗毛含量较高。额部、颊部及四肢下部均为短毛，耳宽长而较厚，耳尖无长毛或有一撮短毛，耳背密生短毛，俗称“光板”。被毛密度差，毛质较粗硬，头型稍尖。新法系安哥拉兔体型较大，体质健壮，面部稍长，耳长而薄，脚毛较少，胸部和背部发育良好，四肢强壮，肢势端正。

生产性能：法系兔体型较大，成年体重3.5~4.6kg，高的可达5kg，体长43~46cm，胸围35~37cm。年产毛量公兔为900g，母兔为1 000g，最高可达1 300g；被毛密度为每平方厘米13 000~14 000根，粗毛含量13%~20%，细毛细度为14.9~15.7μm，毛长5.8~6.3cm。年繁殖4~5胎，每胎产仔6~8只；平均乳头4对，多的5对；配种受胎率为58.3%。

主要优缺点：法系兔的主要优点是产毛量较高，兔毛较粗，粗毛含量高，适于纺线和作粗纺原料。适应性较强，耐粗性较好，繁殖力较高。主要缺点是被毛密度较差，面、颊及四肢下部无长毛。该兔适于以拔毛方式采毛，不宜剪毛。

（3）日系安哥拉兔。该兔产于日本，生产性能不及德、法系安哥拉兔。我国自 1979 年开始引进饲养，主要分布在江浙及辽宁等省。

日系安哥拉兔

外貌特征：全身披白色浓密长毛，粗毛含量较少，不易缠结。额部、颊部、两耳外侧及耳尖部均有长毛；额毛有明显分界线，呈“刘海状”。耳长中等、直立，头型偏宽而短。四肢强壮，肢势端正，胸部和背部发育良好。

生产性能：日系兔体型较小，成年体重 3~4kg，高的可达 4.5~5.0kg，体长 40~45cm，胸围 30~33cm；年产毛量公兔为 500~600g，母兔为 700~800g，最高的可达 1 000~1 200g；被毛密度为每平方厘米 12 000~ 15 000 根，粗毛含量 10%~11%，细毛细度 12.8~13.3μm，毛长 5.1~5.3cm。年繁殖 3~4 胎，平均每胎产仔 8~9 只；平均乳头 4~5 对；配种受胎率为 62.1%。

主要优缺点：日系兔的主要优点是适应性强，耐粗性好。繁殖力强，母性好，泌乳性能高。仔兔成活率高，生长发育正常。主要缺点是体型较小，产毛量较低，兔毛质量一般，且个体间差异较大。

（4）英系安哥拉兔。该兔产于英国，偏向于观赏型和细毛型。我国早在20世纪20—30年代就开始引进饲养，曾对我国长毛兔的选育工作起过积极的作用。但目前纯种英系兔已极少见，即使在英国也难看到。

英系安哥拉兔

外貌特征：全身被毛白色、蓬松、丝状绒毛，形似雪球，毛质细软。头型偏圆，额毛、颊毛丰满，耳短厚，耳尖密生绒毛，形似缨穗，有的整个耳背均有长毛，飘出耳外，甚是美观。四肢及趾间脚毛丰盛。背毛自然分开，向两侧披下。

生产性能：英系兔体型紧凑显小，成年体重2.5~3.0kg，高的达3.5~4.0kg，体长42~45cm，胸围30~33cm；年产毛量公兔为200~300g，母兔为300~350g，高的可达400~500g；被毛密度为每平方厘米12 000~13 000根，粗毛含量为1%~3%，细毛细度11.3~11.8μm，毛长6.1~6.5cm。繁殖力较强，年繁殖4~5胎，平均每胎产仔5~6只，最高可达13~15只；配种受胎率为60.8%。

主要优缺点：英系兔的主要优点是繁殖力强，被毛白色、蓬松，甚是美观，可作观赏用。缺点是被毛密度差，产毛量低。体质较弱，抗病力差，母兔泌乳力较差，有待选育提高。

（5）中系安哥拉兔。该兔主要饲养于上海、江苏、浙江等地，系引进法系和英系安哥拉兔互相杂交，并导入中国白兔血液，经长期选育而成，1959年正式通过鉴定，命名为中系安哥拉兔。

中系安哥拉兔

外貌特征：中系兔的主要特征是全耳毛，狮子头，老虎爪。耳长中等，整个耳背和耳尖均密生细长绒毛，飘出耳外，俗称“全耳毛”；头宽而短，额毛、颊毛异常丰盛，从侧面看，往往看不到眼睛，从正面看，也只是绒球一团，形似“狮子头”；脚毛丰盛，趾间及脚底均密生绒毛，形成“老虎爪”。骨骼细致，皮肤稍厚，体型清秀。

生产性能：该兔体型较小，成年体重2.5~3kg，高的达3.5~4kg，体长40~44cm，胸围29~33cm；年产毛量公兔为200~250g，母兔为300~350g，高的可达450~500g；被毛密度为每平方厘米11 000~13 000根，粗毛含量为1%~3%，细毛细度11.4~11.6μm，毛长5.5~5.8cm。繁殖力较强，年繁殖4~5胎，每胎产仔7~8只，高的可达11~12只；配种受胎率为65.7%。

主要优缺点：中系兔的主要优点是性成熟早，繁殖力强，母性好，仔兔成活率高，适应性强，较耐粗饲。体毛洁白，细长柔软，形似雪球，可兼作观赏用。主要缺点是体型小，生长慢。产毛量低，被毛纤细，结块率较高，一般可达15%左右，公兔尤高。有待今后进一步选育提高。

（6）大耳黄兔。大耳黄兔原产于河北省邢台市的广宗县，是以比利时兔中分化出的黄色个体为育种材料选育而成，属于大型皮肉兼用兔。

大耳黄兔

外貌特征：分 2 个毛色品系。A 系橘黄色，耳朵和臀部有黑毛尖；B 系杏黄色。两系腹部均为乳白色。体躯长，胸围大，后躯发达，两耳大而直立，故取名"大耳黄兔"。

生产性能：成年体重 4. 0~5. 0kg，大者可达 6kg 以上。早期生长速度快，饲料报酬高，A 系高于 B 系，而繁殖性能则 B 系高于 A 系。年产 4~6 胎，胎均产仔 8. 6 只，泌乳力高，遗传性能稳定，适应性强，耐粗饲。由于毛色为黄色，加工裘皮制品的价值较高。

该品种在华北地区饲养量较大，其生长速度及耐粗饲能力受到人们的喜爱。与其他大型品种一样，该品种易患脚皮炎，饲养中应引起重视。

第六章　家兔育种

第一节　家兔的遗传育种概述

1. 什么是家兔的品种，构成品种的基本条件有哪些？

品种是畜牧学上的概念，任何家畜品种都是人工选择的产物，品种是由来自共同祖先通过人工选育而成的具有一定形态特征和生产性能的群体。家畜品种一般具备以下几个特征或条件，缺少任何一个条件，都可以否定其作为一个品种的资本。

（1）相同的来源。任何一个家兔（畜）品种都有着共同来源，是遗传基础基本相似的生物群体。

（2）性状及适应性相似。同一品种的家兔由于血统来源、培育条件和选育方法相同，往往在体型外貌、生理机能、重要经济性状以及对自然条件的适应性等方面都非常相似。

（3）较高的经济价值。同一品种的家兔应该具有一致的生产方向和较高的生产力水平，如果经济价值较低，就不会被人们养殖，也就失去了培育的价值。

（4）遗传性能稳定，种用价值高。稳定的遗传性是指体型外貌、生产性能、生长发育和重要的经济性状保持相稳定，其稳定性不仅表现在品种内个体间的一致性，也表现在上下代的稳定性。种用价值高不仅表现在一个品种典型的优良性状能稳定遗传给后代，还表现在当该品种与其他品种杂交时，表现出的较高的杂种优势或较好的改良效果。

（5）一定的群体结构。30~50只，300~500只都不能达到一个品种的要求，一个品种一般要有3个以上的品系，每个品系再有若干个家系，而品系和家系又有自己的独立特征，也就说一个品种要有若干个各具特点的类群所构成，品种内不同类群的存在，形成了品种的异质性，正是由于这种异质性或品种内的生物多样性，才奠定了品种选育和提高的基础。一般家兔品种要求有基础母兔600~1 500只，推广生产母兔2万只以上的群体规模，而每一个品系要求有基础母兔200~300只。

2. 如何科学合理利用兔的纯种繁育、保持杂种优势和提高家兔的生产性能？

我国已经从国外引进了不少优良兔种，如德系长毛兔、日本大耳兔、德国花巨兔等，为了保持这些外来品种的优良性能和扩大兔群的数量，就要不断提高兔子养殖技术，保持和提高家兔的生产性能。

（1）纯种繁育。纯种繁育简称为“纯繁”，又称本品种选育。一般就是指同一品种内进行的繁殖和选育，其目的是为了保持该品种所固有的优点，并且增加品种内优秀家兔的数量。纯种繁育是比较好的方法。如，我国江苏、浙江一带劳动人民选育的地方良种全耳毛兔，具有较好的生产性能，又能适应当地的外界环境，抗病力较强，也须采用纯种繁育加以固定和提高。

但是，长期的纯种繁育可能因近交而导致后代生活力和繁殖性能下降，即所说的“娇气”“退化”。所以，采用纯种繁育除采取选种、选配和培育措施外，最好采用品系繁育方法。

所谓品系，就是指品种内来自相同祖先的后裔群，这群后裔不但一般性状良好，而且在某一个或几个性状上表现特别突出，它们之间既保持一定的亲缘关系，同时彼此间也较相似。例如毛用兔中，在一般性能都较良好的情况下，有的毛很密，有的毛很长，有的体格很大。这样，就可以利用各自的优点，培育成毛密系、毛长系或体大系等。以后通过品系间的杂交就可把几个优良性能汇集在一起，并且因品系间的亲缘关系较远，所以也可避免不恰当的近交。品系繁育是纯种繁育中的重要一环，是促进品种不断提高和发展的一项重要措施，是比较高级阶段的育种工作。

（2）杂交改良。杂交就是指不同品种（或品系）的公母兔之间交配，获得兼有不同品种（或品系）特征的后代。在多数情况下，采用这种繁育方法可以产生“杂种优势”，即后代的生产性能和繁殖能力等方面都不同程度地高于其父母的总平均值。

3. 为什么要对家兔品种进行选种选育？

选种就是我们通常说的选优去劣。在生产实践中我们把比较优良的、符合人们需要的个体选留下来做为种用，把不好的比较差的个体从畜群中淘汰出去或留下来进一步改良，这种方法在家畜育种学上就叫做选种。选育就是在选种与选配的基础上，加速现有品种的改良和提高以及培育新品种的措施。加强家兔品种的选种和选育不仅符合一个品种内在发展的要求，也是家兔生产的需要。我国地域辽阔，自然条件差异大，没有哪一个品种完全适应所有条件，因此，在分析必要性和可能性的基础上，培育出有自身特色的、能适应各自生态环境的品种很有必要。另外，为了满足特殊生产和生产新型产品的需要，也有必要培育一些新的家兔品种或品系，如有色獭兔和有色长毛兔的培育可满足皮革生产或毛纺业对毛皮颜色的特殊需求，既省去了染色的工序，也减少了环境污染。培育我们自己的新品种或新品系，也是解决我国长期从国外大量引进优良兔种并在经济上依赖于国外的局面，能将我们的资源优势转化为产品优势和经济优势，提升我国养兔业在国际上的地位。

4. 为什么自行繁育的种兔容易退化？

养兔场自行繁育的种兔容易退化，主要有以下两个原因：一是原来引进的种兔血统种类少、血缘关系过近；二是在配种时公、母兔近交，或繁育的后代血缘不清，留种时没有记录和系谱，出现近交退化。要避免自行繁育的种兔退化，必须做到引进的种兔血统种类至少有 6 个以上；种用公兔、母兔和繁育的后代均要及时进行刺耳编号和记录，留种时做好系谱登记，根据系谱进行配种，配种公、母兔之间应 3 个世代内无血缘关系。

5. 为什么说家兔品种的存在是有期限的？

任何一个家畜品种存在都是有期限的，品种由产生、消亡到新品种的产生，这是自然规律。一个品种或一个品系的消亡往往有以下几种原因：一是品种的生产力下降或在配合力竞争中失败；二是品种的生产方向和类型因环境变化而发生改变；三是品种存在有突出特点的个体或类群，通过培育发展成为另一新的品系，进而发展成为新的品种。人们为了维护一个品种往往采取很多措施，如扩大群体的保种数量，控制选配，防止近交，延长世代间隔等，尽可能使一个品种维护较长的时间，但事实上，维持一个品种长期不变是很困难的，除非一个品种是处于一个随机交配的大群体状态，而且在没有突变、选择、迁移和遗传漂变等因素的影响下，也就是说只有群体处于 Hardy—Weinberg（哈迪—温伯格）平衡状态，一个品种才会保持长期不变。然而这种理想状态是很难实现的，其中引种最易发生、也是最易造成一个品种基因丢失的原因，引种不仅导致遗传漂变，而且往往因为引种数量少，在繁育过程中极易造成近交，导致基因丢失，再加上长期突变基因的积累，所以一个品种形成后，经过若干年很难保证原品种遗传结构的完整性。这就是我们对一个成熟的家兔品种要进行选种和选育的一个重要原因。

第二节　家兔育种技术

1. 肉用种兔常用的选种方法有哪些？

（1）系谱选择。系谱记录个体本身及其祖先的出生日期、体尺、体重、生产成绩及遗传缺陷，系谱一般记录3~5代。

（2）个体选择。根据个体本身某性状表型值的一次记录、多次记录或部分记录的高低选留种兔。

（3）家系选择。家系选择是根据整个家系个体某性状生产性能的平均表型值排序进行选择，将整个家系作为选择单位，通常是在入选的家系内选留合格个体作为种用。

（4）家系内选择。家系内选择是根据各家系内各个体某性状生产性能的平均表型值排序进行选择，将家系内合格个体选留作为种用。

（5）同胞选择。同胞选择是根据某个体的同胞（不包括被选个体本身）的平均表型值进行选择。

（6）合并选择。合并选择同时利用个体表值和家系均值进行选种，具体方法是按性状的家系和家系内遗传力对家系和家系内偏差进行加权合并获得一个指数即合并选择指数（I），按指数大小进行选择。

（7）综合选择指数法。要选择多个数量性状时，根据各性状的遗传特性和经济价值，分别给予一个加权值，综合成一个选择指数（I），根据指数值的大小进行选种。

2. 种兔常用的选配方法有哪些？

（1）品质选配。

① 同质选配：选择性状相同，性能表现一致，或育种值相似的优秀公母兔进行交配，目的就是将这些优良性状在后代中保持和巩固，使优秀个体数量增加，群体品质获得提高。

② 异质选配：选择性状和生产性能不同的优良公母兔之间的选配，异质选配的主要作用集合了双亲的优良性状，增大了后代的变异性，增加了基因型类型，增强了后代的适应性和生活力。

（2）亲缘选配。亲缘选配指相互有亲缘关系种兔之间的选配，可分为近交和远交两种方式。

（3）年龄选配。家兔由于是小动物，其遗传稳定性和生产性能与年龄有关，一般情况青年兔遗传欠稳定，老龄兔繁殖力下降，所以，交配家兔双方在年龄上进行选配。

一般情况下壮年兔×壮年兔、青年兔×老年兔，而不能青年兔×青年兔、青年兔×老年兔、老年兔×老年兔。

3. 种兔主要有哪些育种方法？

动物的育种方法很多，除了传统的本品种选育（选择性育种）

和杂交育种之外，目前新发展起来的还有转基因动物育种、胚胎生物技术和分子育种等，相对来说，本品种选育和杂交育种对动物品种的形成产生的作用巨大，但是转基因动物育种和其他育种方法用于家兔的育种实践还有一定距离，这里主要介绍家兔的本品种选育和杂交育种技术。

（1）本品种选育。一般指在本品种内通过选种选配、品系繁育、改善培育条件等措施，以提高品种性能的一种方法。该方法的理论基础是选择的创造性作用，也称为选择性育种。本品种选育包括本地品种的选育和引入品种的选育。本品种选育包括很多技术措施，如科学饲养、合理培育，建立良种繁育体系、合理选种选配和品系繁育等，其中品系繁育是本品种选育的主要措施。

（2）品系繁育。品系繁育是为了充分利用祖先及其优秀后代，培育出具有和祖先某些突出优点相似的优良品系的一种育种方法，它既可以用于本品种选育也可以用于杂交育种过程，既可以用于选育程度较高的纯种繁育群体也可以用于杂种群，因而它是一个相对独立的专门育种措施。在家兔育种中常常利用。品系繁育的过程包括品系的建立，品系的发展和品系的利用。

（3）杂交育种。利用两个或两个以上的品种杂交创造新的变异类型，然后通过育种手段将杂交后代固定起来而进行的一种改良现有品种或培育新品种的育种方法，包括改良性杂交育种和育成杂交育种。广义的杂交育种也包括杂种优势利用在内，如配套系育种就属于杂种优势利用的范畴。根据育种目的不同，杂交育种可分为引入杂交、级进杂交和育成杂交。

4. 引入品种如何选育？

从本质上讲应该与地方品种是一致的，但是由于引入品种毕竟不是在当地条件下育成的，其品种特点与地方品种不同：一是外来品种的生产性能较高，生产用途比较专门化，对培育条件和育种技术要求较高；二是外来品种的适应性往往较差，当新的环境条件下不适合时，其生产性能并不一定优良，甚至退化和死亡；三是引入品种一次引入的数量往往较少，而又容易分散饲养，因此其选育措施与地方品种有所不同。结合我国各地经验，对于引入品种的选育主要采取以下措施。

（1）集中饲养，逐步推广。引入品种数量较少，过度分散，有可能被迫近交，使外来品种退化，各地应根据品种区域规范化，选择条件较好的兔场进行纯繁或建立良种场地，经过一定时间的选育，待引入品种基本适应后再逐步向外推广。

（2）慎重过渡、逐步适应。从国外引入的种兔要从饲料配比、日粮类型、饲喂方式、环境和管理制度等方面考虑，慎重过渡，逐步加强其适应性锻炼，提高其耐粗饲、耐热或耐寒以及抗病力等。

（3）加强选种选配，合理培育利用。在培育过程中，要严格执行选种选配制度，防止近交，防止某些公兔配种负担过重，及时淘汰对环境不适应的个体。在有条件的地方可开展品系繁育，通过品系繁育可以改进引入品种的某些缺点，使之更符合当地的要求；通过系间杂交交换种兔可以防止近交，通过综合不同品系的特点还可以建立我们自己的新品系。

5. 本地品种家兔如何选育?

本地品种也称地方品种，它们都是在各种特定条件下经过人们长期辛勤培育而形成的。

对于选育程度较高的一些地方品种，因其性状比较整齐，遗传性能稳定，其选育措施主要是在保存其优良基因的基础上，开展品系繁育，扩大品种内差异，进行品系间杂交，从而进一步提高其生产性能。

对于选育程度较低的一些地方品种，由于缺乏长期的精心选育，闭锁繁育也不严格，因此群体中基因型很不一致，生产性能参差不齐，其选育措施主要是在群体内选择优良个体组成核心群，开展闭锁繁育或近交繁育，固定优良性状，以便保存和增加优良基因，对于混杂严重的地方品种则以整理提纯为主进行选育工作。

对于杂交育成的新品种，如哈尔滨大白兔、豫丰黄兔等，其共同特点是生产性能较高，适应性较好，但纯度不太高，类型不很一致，其选育措施重点是通过严格的选种选配，提高其纯度和遗传稳定性；

加强品系繁育，使品种内的异质性系统化，再通过系间杂交，提高其品质。对数量太少的种群则应加强扩大种群。

6. 如何建立家兔的品系?

(1) 系祖建系法。该方法就是选择一只卓越的个体（一般是种公兔）作为系祖，选留其最优秀的后代作为继承者，通过选配（一般是中亲交配），把系祖的优良品质变为群体所共有的稳定特性，形成类似于系祖品系，通过这种方法建立的品系称为单系。该方法的关键：一是发现和选择系祖，系祖不仅某些性状优秀，符合育种要求，而且其他性状也要达到品种标准水平；二是要进行合理选配，一般在建系初期选择与系祖同质的母兔进行非亲缘交配，以后根据实际情况辅以必要的异质选配，在后代性状比较理想时，再采用比较温和的近交，促使品系逐渐纯合；三是要精心选育和培育继承者；四是通过配合力测定，选择确定优秀品系，加强品系利用。该方法简单易引，群体规模小，性状容易固定，可在一般兔场进行。缺点是受到系祖遗传基础窄的限制，育成的品系性能与原来的品种相比，很难有较大程度的提高。

(2) 近交建系法。这种方法是采用高度的近交，如亲子、全同胞或半同胞交配，使优良性状的基因迅速达到纯合，从而通过选择，培育成各具一定优良性状的近交系。在生产实践中家畜近交系的培育主要见于猪和鸡，由于在近交过程中近交衰退严重，建系成本较高，所以家畜生产中基本上放弃了通过培育近交系来提高商品生产这一途径。目前这种方法主要用于家兔的实验动物育种。

(3) 群体建代选育法。这种方法就是从选集基础群开始，然后封闭畜群，并在该闭锁群体内按生产性能、体质外貌和血统来源严格地进行选种选配，以培育出符合品系预定标准、遗传性能稳定和外形整齐的畜群。这种建系方法的特点是强调选种的作用，基础群的选择是决定品系形成速度和质量的首要条件。基础群的选择要尽量保证其遗传基础广泛，公兔要来源于不同血统，母兔要来源于多个血统，基础群最低需要量可由下式确定：

$$S = \frac{n + 1}{8n \cdot \Delta F}$$

式中 S 为基础群需要的最低公兔只数，n 为公母比例中的母兔数；ΔF 为畜群每一世代允许的近交增量，一般为 2%~5%。在闭锁繁育阶段一般不引入外血，各世代的规模要保持相对稳定，在前期每个家系按相同的公母比例等量留种，避免有意识的近交。在后期可实行完全的随机交配，优秀公兔可以多配母兔，各家系不必等数留种，优秀家系可以选留较多后代，性能较差的家系可以全部淘汰。闭锁繁育的代数一般以 5~6 代为好，平均近交系数达到 10%~15%即可。

7. 家兔品系如何利用？

品系培育之后，大体可以从以下 3 个方面加以利用。

（1）合成新品系。利用培育的品系与其他多个品系进行杂交，将它们各自的优点综合汇集在一起，再合成新的品系，这是品系质量提高和发展的重要途径，也是品种水平不断提高和发展的重要措施。

（2）改良品系，促进品系的血液更新。利用培育的品系去改良另一个品系，以纠正被改良品系的某些缺点。

（3）利用杂种优势。目前在家兔生产中主要是配套系的利用，以数组专门化品系为亲本，通过严格设计的杂交组合试验，将其中一个相对较好的杂交组合，筛选出来作为最佳杂交模式，再以此模式进行配套杂交生产商品代兔，以充分利用各品系的杂种优势。专门化品系包括专门化父系和专门化母系，实践证明专门化的父本品系和专门化的母本品系杂交时，既能获得加性效应，也能获得杂种优势，可产生“杂优畜禽”，其优势程度比一般品种间杂交所获得的杂种优势更大。如安丘市绿州兔业有限公司从法国引进的伊拉兔肉兔配套系就是利用了父系（A，B）和母系（C，D）共四个品系的杂种优势，其商品代 ABCD 具有前期发育快、繁殖率高、出肉率高、抗病力强等优势，就是我们说的“杂优兔”。

第七章　家兔繁殖

第一节　发情与配种

1. 什么是家兔的性成熟和体成熟?

仔兔发育到一定时期，在公兔的睾丸里或母兔的卵巢里，能够产生出具有正常受精的精子或卵子，此时称家兔已经达到性成熟。在生产中，往往以幼龄公兔出现追配和爬跨小母兔，或小母兔出现发情特征为判断依据。

性成熟的早晚与品种、性别、营养、管理条件、气候等因素有关。一般母兔性成熟较早，3~4 月龄；公兔较晚，4~5 月龄。

体成熟是指家兔的体躯发育基本成熟，各系统和组织器官的机能基本达到成年兔的水平。

家兔的性成熟在前，体成熟在后，性成熟时的月龄约为体成熟的一半。

2. 为什么性成熟后不适宜立即配种繁殖?

刚刚达到性成熟的幼兔，正处于生长发育阶段，其体重约为成年兔的一半，此时不宜配种；否则，不仅影响其本身的生长和后代的质量，还会造成种兔的早衰。在正常情况下，家兔的初配时间为 5.5~6.5 月龄。生产中一般以体重为初配期的判断标准，即达到成年体重的 75%以上时即可配种。依此标准，成年家兔的平均体重以 3.5kg 计算，核心群的平均体重以 4.0kg 计算，大型品种 6~7 月龄；中型品种 5~6 月龄；小型品种 4~5 月龄可进行配种。

3. 家兔发情有何表现?

家兔一般 3~5 月龄开始发情，间隔 8~15 天发情一次，持续期为 3 天。母兔发情，可见阴户湿润红肿有黏液，食少不安的表现，外生殖器官变化：苍白→粉红→红色→紫红，并有水肿和分泌黏液。实践证明，最佳配种期为“粉红早，黑紫迟，大红正当时”。交配前，把母兔放入公兔笼内，让其自由交配。春秋二季配种的适宜时间为上午，夏季炎热在早上与傍晚，冬季在傍晚。成年公兔，一般一天配种一次，连续 6 天休息一天。

4. 自然交配有何优缺点?

即公、母兔混养，在母兔发情期间，任凭公、母兔自由交配。优点是配种及时，能防止漏配，节省劳力。缺点如下。

（1）公兔整日追逐母兔交配，体力消耗过大，配种次数过多，精液质量低劣，受胎与产仔率低，且易衰老，利用年限较短，配种头数少，不能发挥优良种公兔的作用。

（2）无法进行选种选配，极易造成近亲繁殖，品种退化，所产仔兔体质不佳，兔群品质下降。

（3）容易引起公兔与公兔间因争夺一头发情母兔而打架、互斗以致受伤，影响配种，严重者还可失去配种能力。

（4）未到配种年龄，身体各部尚未发育成熟的公、母幼兔，过早配种怀胎，不但影响本身生长发育，而且胎儿也发育不良。若老年公、母兔交配，所生仔兔亦体质虚弱，抵抗力低。两种情况，均可造成胚胎死亡或早期流产，即使能维持到分娩，所生仔兔成活率也低。

（5）容易传播疾病。

5. 什么叫人工辅助交配，有何优缺点?

人工辅助交配，即平时种公母兔分别单笼饲养，当母兔发情需要配种时，按照配种计划将其放入指定的公兔笼内配种。配种结束后，再将其放回原笼，并做好记录。这种配种方式可准确了解配种日期和仔兔的血缘关系，控制公兔的配种强度，也可减少生殖道疾病的传染。但其缺点是较自由交配费工费时，劳动强度大，需要有一定经验的饲养人员及时发现母兔发情，并安排配种。此法目前在我国绝大多数兔场采用。

6. 新兔不配合配种怎么办？

这时可采用人工辅助配种或人工授精。首先，人工辅助配种就是将公、母兔分群、分笼饲养，在母兔发情时，将母兔捉入公兔笼内配种。具体操作步骤如下：将经检查、适宜配种的母兔捉入公兔笼内。公兔即爬跨母兔，若母兔正处发情盛期，则略逃几步，随即伏卧任公兔爬跨，并抬尾迎合公兔的交配。当公兔阴茎插入母兔阴道射精时，公兔后躯卷缩，紧贴于母兔后躯上，并发出“咕咕”叫声，随即由母兔身上滑倒，顿足，并无意再爬，表示交配完成。此时可把母兔捉出，将其臀部提高，在后躯部用手轻轻拍击，以防精液倒流。然后将母兔捉回原笼，做好配种记录工作。如果母兔发情不接受交配，但又应该配种时，可以采取强制辅助配种，即配种员用一手抓住母兔耳朵和颈皮固定母兔，另一只手伸向母兔腹下，举起臀部，以食指和中指固定尾巴，露出阴门，让公兔爬跨交配。或者用一细绳拴住母兔尾巴，沿背颈线拉向头的前方，一手抓住细绳和兔的颈皮，另一只手从母兔腹下稍稍托起臀部固定，帮助抬尾迎接公兔交配。其次，兔人工授精就是不用公兔直接交配，而是人工采集公兔的精液，经品质检查、稀释后，再输入到母兔生殖道内，使其受胎，但需要有熟练的操作技术和必要的设备等。

7. 如何进行人工辅助配种？

人工辅助配种的过程主要有以下几步。

（1）检查母兔发情，并决定其配种。

（2）按照选配计划，确定与配的公兔耳号和笼位。

（3）将发情母兔放入与配公兔笼内，进行放对配种。

（4）观察配种过程。当公母兔配种成功，公兔发出“咕咕”的叫声，随之从母兔身上滑下，倒向一侧，宣告配种结束。

（5）抓住母兔，在其臀部猛击一掌，使之肌肉紧张，防止精液倒流。然后，将母兔放回原笼。

（6）作好配种记录。

8. 配种应注意哪些问题？

（1）配种必须在公兔笼内进行，以防环境改变，公兔不能适应而造成精力分散，影响配种效果。

（2）如果母兔拒不接受交配或公兔对母兔不感兴趣，或经过一番爬跨，配种没有成功，可更换一只公兔。

（3）配种时，要保持环境安静，禁止围观和大声喧哗。

（4）配种时间安排：夏季最好在早晨和夜间，冬季在中午，春、秋季节在日出和日落前后。

（5）及时填写配种记录，以便安排妊娠诊断时间。

（6）经常对公兔的配种效果进行总结和分析，并对配种效果不好的公兔进行精液品质检查，发现精液品质不良的公兔，及时更换种公兔并查找原因。

9. 人工辅助配种要注意哪些要点？

如果发情母兔爬伏不动，不接受交配，可采取手托法人工辅助配种。即左手抓住母兔的两耳及肩部皮肤，右手伸到母兔腹下，将其后躯托起，配合公兔配种；如果母兔尾巴拒不上举，可采取牵线法人工辅助配种。即选一根细绳，一端拴住母兔的尾巴尖部，将绳子沿母兔背部绕过，由固定兔耳及颈部皮肤的左手控制，将母兔尾巴轻轻上拉，露出外阴。右手伸到母兔腹下，托起其后躯，迎合公兔配种。一般情况下，采取这两种方法，配种很容易成功。

10. 如何提高公兔的射精量和精子活力？

公母兔配种时，一般时间很短。只要公兔性欲旺盛，母兔发情正常，短则几秒，长则十几秒或半分钟即可结束。但是，时间短，公兔的性准备不足，往往射精量少，精子的活力低。为此，可在配种过程中让公兔有充分的性准备时间，当发现公兔爬跨到母兔背部后，立即将公兔拉下来，公兔再上去，再拉下来，反复3次，使公兔的性欲达到高潮，副性腺充分地分泌，然后再让公兔配种。这样，射精量和精子活力可提高。

11. 种公兔的配种强度多大为好？

一只公兔一天配种几次合适，应视种兔及兔场的具体情况而定。一般而言，健康的成年种公兔，每天配种1~2次，连续2天休息一天，每周可安排6~8次。如果兔场的配种任务艰巨，公兔可在短期内适当增加配种次数，每天配种3~4次，问题不大。但长期超负荷配种，会使公兔入不敷出，不仅公兔身体承受不了，迅速衰退，抗病力下降，容易患病和早衰，同时，还会造成精液的品质不良，受胎率和产仔数均降低。

12. 影响种公兔配种能力的因素有哪些？

配种能力的大小与个体、种兔的年龄、体重、营养水平和管理条件等有关。有的公兔配种能力较强，而有的则较差。配种能力较强的公兔，每次配种用时很短（几秒钟），而有的公兔迟迟不能达成交配，消耗大量的能量。1~2.5岁的壮龄兔具有较强的配种能力，刚刚参加配种的青年兔和3岁以上的老龄兔不具有承担艰巨配种任务的能力；一般来说，体重越大，配种能力越差，而体形中等或中等偏小的种公兔配种能力较强，不仅表现在每次配种所用的时间方面，而且在连续配种的次数以及配种后体力的恢复时间等方面，体形小的优于体形大的。因此，从这一点上，对于种公兔不宜培育过大的体形，在后备期应适当控制其体重的增长；营养水平和管理条件对公兔的配种能力有很大的影响。如果公兔在配种期到来之前和集中配种期营养没有跟上，会极大地降低其配种力。

13. 如何进行重复配种？

在正常情况下，大多数母兔只要交配一次即可受胎。但是，为了确保妊娠和防止假孕，可以采用重复配种，即在第一次配种后20~30分钟，再用同一只公兔交配一次。据试验，此法受胎率可达90%以上，产仔数可比一次配种的增加 2~3 只。

14. 如何进行双重配种?

一只母兔连续与两只公兔交配，中间相隔时间不超过 20~30 分钟，采用这种方法能避免由于公兔原因而引起的不孕，明显提高受胎率和产仔数。但是，双重配种只适于商品生产，不宜作种兔生产，以防混淆血统。

在家兔养殖中，采用双重配种时应在第一只公兔交配后及时将母兔送回原笼，待公兔气味消失后再与第二只同毛色的种公兔配种。否则，会因母兔身上有其他公兔的气味而殴斗，不但不能顺利配种，还可能咬伤母兔。

15. 为什么后备种兔初配过晚也不好?

家兔达到性成熟时，要注意配种月龄，初配月龄过晚，不仅会减少种兔终身产仔数，还易造成公兔、后备种兔身体发胖，性欲减退、降低，甚至丧失种用价值。

第二节　妊娠和分娩

1. 家兔妊娠期一般为多长?

一般母兔的妊娠期平均为 30 天（29~34 天），不到 29 天为早产，超过 34 天为异常妊娠。

2. 怎样利用母兔诱导排卵的特性提高受胎率和产仔数?

成熟的卵泡在母兔的卵巢里不会自行排出，必须经过一定的刺激后方可排卵。由于母兔卵巢里经常有数量不等的处于不同发育阶段的卵泡，即便在休情期，多数情况下卵巢里也有成熟的卵泡，只不过数量较少，其释放的雌激素数量少，不足以导致母兔出现明显的发情征状而已。利用母兔这一特性，在母兔的一个发情期，采用复配（一只公兔连续交配两次）或双重配（两只公兔分别交配），起到双重诱导，两次排卵，提高受胎率和产仔数。根据生产实践，增加一次配种，受胎率可提高10%以上，每胎可增加一只仔兔。

3. 家兔分娩过程是怎样的?

多数母兔在临产前3~5天，乳房肿胀，外阴部肿胀充血，黏膜潮红湿润，食欲减退。在临产前数小时，也有在产前1~2天者，开始衔草作巢，并将胸、腹部毛用嘴拉下来，衔入巢内铺好。初产母兔如不会衔草、拉毛营巢，管理人员可代为铺草、拉毛做窝，以激发母兔营巢做窝的本能。一般拉毛与母兔的泌乳有关，拉毛早则泌乳早，拉毛多则泌乳多。到产前2~4小时，母兔频繁出入产箱。母兔产仔一般在凌晨5时至下午1时。母兔边产仔边将仔兔脐带咬断，并将胎衣吃掉，同时舔干仔兔身上的血迹和黏液。分娩结束后跳出巢箱觅水。此时应及时满足母兔对水的需要，饮饱喝足，以免母兔因口渴一时找不到水喝，跑回箱内吃掉仔兔。母兔的分娩时间比较短促，一般每产完一窝仔兔，只需20~30分钟，但也有个别母兔产下一批仔兔后，间隔数小时，甚至数十小时再产第二批仔兔。

新生仔兔

4. 如何避免母兔分娩受惊吓?

当母兔分娩时受到外界惊吓恐慌不安而中断产仔，并在产箱内乱动踩死或吃掉仔兔，特别是突然发生各种异常声音，受到外界强烈刺激。

预防措施：当母兔分娩时要保持舍内周围环境安静，防止发生各种异常声音，减少各种应激反应和影响，防止狗猫进入，造成母兔恐慌和惊吓。在母兔分娩时不要观看，待分娩完跳出产窝后再处理污物，保持母兔安全、正常分娩。

5. 家兔合适的公母比例是多少?

根据公兔的配种能力和母兔的繁殖频率，生产中确定公母兔的比例：在本交的情况下，大型兔场为1∶(8~10)，小型兔场为1∶(6~8)；以保种为目的的原种兔场为1∶(5~6)；值得注意的是，为了留有余地，防止意外，应增加理论种公兔数量的10%~15%作为机动。在人工授精条件下，公兔比例可大大降低，以1∶(50~100) 为宜。

6. 母兔分娩前有何征状?

孕兔一般在产前1~3天开始叼草做窝，也有的一些初产母兔没有这些行为。产前6~24小时开始用嘴将腹部、胸部的毛拉下来铺在巢箱里。也有的母兔不拉毛、拉毛提前或错后。拉毛是分娩的信号，与乳腺的发育和分泌有关。产前1~3天母兔食欲减退，个别母兔停食。临产前精神不安，频频出入产箱。

7. 产窝、产箱有异味怎么办?

兔的嗅觉比较灵敏，如果产窝、产箱内有异味，会使其感到厌恶，不敢在其中产仔或在没有办法的情况下勉强产仔，但也会频频出入产仔窝箱，将仔兔踩死或吃掉。如果产后不处理污物，特别是有死兔发臭变质，母兔也不愿进入窝内给仔兔喂奶。

预防措施：在母兔分娩前5天左右将产窝箱进行消毒，消毒后放在阳光下暴晒，然后铺上干净垫草，但要防垫草发霉变质，当母兔分娩后查看仔兔时不要用有异味的手触摸仔兔，最好用母兔粪便、尿液擦手后再处理仔兔，防止有异味使母兔吃掉仔兔。

8. 母兔假孕是怎么回事？

当母兔经交配后没有受精，或已经受精，但在植入前后胚胎死亡，将会出现假孕现象。它和真怀孕一样，卵巢形成黄体，分泌激素，抑制卵泡发育成熟，使子宫上皮细胞增生，子宫壁增厚；乳腺激活，乳房胀大，不发情，不接受交配等。在正常妊娠时，16 天后黄体得到胎盘的激素支持而继续存在，分泌孕酮，维持妊娠，抑制发情。但假孕后，由于没有胎盘，在 16 天左右黄体退化，于是假孕结束。此时，母兔表现出临产的一些行为，如叼草、拉毛营巢，乳腺可分泌一点乳汁等。假孕一般维持 16～18 天。结束后，配种受胎率很高。

9. 母兔产后缺水怎么办？

母兔产仔时，边产仔边吃胎盘，这样会造成口渴现象，当母兔产仔后会跳出产箱找水喝，如果此时没有足够的饮水，母兔就会在口渴难忍的情况下跑回产箱把仔兔吃掉。

预防措施：在母兔分娩前后要供给充足的饮水，糖盐水更好，同时供给青绿饲料或多汁饲料。

10. 造成胚胎早期死亡主要原因是什么？

母兔患有子宫炎、阴道炎、公兔精液品质不良、配种后短期高温、营养过剩（尤其是高能量）、大量用药和发霉饲料的中毒等。

11. 怎样预防初产母兔母性不强？

有个别母兔，特别是初产母兔母性差、泌乳少，在分娩时由于疼痛在吃胎盘时连仔兔一起吃掉。

预防措施：在选留母兔时要选择母性好、产仔多、拉毛早、泌乳多的母兔后代，母兔的后臀部要发达，特别是在配种时要检查母兔的阴门发育情况，对小而不发红肿的不能留种。对母性不强可采取母仔分离、人为定时哺乳的方法饲养。对两胎均食仔的母兔要淘汰。

12. 怎样利用摸胎法进行妊娠诊断?

摸胎法诊断母兔是否妊娠在养兔业中常用，操作简单，准确率高。具体做法是，母兔交配 8 天后开始，摸胎时，使头朝向术者，左手捉住兔耳和颈皮部位以固定兔，右手五指呈“八”字形分开，自前向后按摩腹部，胎位在腹后部两旁。若母兔已受孕，此时可摸到如花生米大小的肉球，触手时滑来滑去，不易捉住；半个月时可摸到连在一起的肉球，如小红枣大小；18 天左右，胎儿如小核桃大小；22 天，可摸到胎儿较硬的头部。若腹部柔软如绵，则没有受胎。

13. 摸胎法进行妊娠诊断应注意什么?

（1）注意胚泡的质地。8~10 天的胚泡大小和形状易与粪球相混淆，应仔细加以辨认。

（2）妊娠时间的不同，胚泡的大小、形状和位置不同。妊娠第 13~15 天，胚泡仍为圆球状，似小红枣大小，弹性强，位于腹腔后中部；18~20 天，胚泡呈椭圆形，如小核桃大小，弹性变弱，位于腹中部；22~23 天，呈长条状，可触摸到胎儿较硬的头骨，位于腹中下部，范围扩大；28 天以后，胎儿的头体分明，长 6~7cm，充满整个腹腔。

（3）摸胎最好空腹进行。

14. 怎样正确寄养仔兔?

在寄养仔兔时，由于时间差距大或仔兔个体差别大、气味不同，寄养母兔对被寄养仔兔有反感，会厌恶吃掉或咬死仔兔。

预防措施：被寄养仔兔在时间上不能超过两天，个体要基本相同，不能差距过大，做好把被寄养仔兔用寄养母兔的粪、尿涂擦仔兔身上，这样气味相同，母兔分辨不出寄养仔兔，也可把仔兔取出然后将寄养仔兔放入，在产箱内放置半天，母兔也分不清寄养仔兔。

15. 母兔产前拉毛的意义是什么?

孕兔一般在产前6~24小时开始用嘴将腹部、胸部的毛拉下来铺在巢箱里，也有的母兔不拉毛、拉毛提前或错后。拉毛是分娩的信号，与乳腺的发育和分泌有关。拉毛也是一种母性行为：一是可刺激乳腺分泌，二是便于仔兔捕捉乳头，三是为仔兔准备良好的御寒物。凡是拉毛早、拉毛多的母兔，其护仔能力强，泌乳量大。

16. 母兔患有食仔癖怎么办?

由于母兔在分娩前饲养管理不到位，饲料中蛋白质不足或缺少某种物质，分娩前缺少精饲料或青绿饲料，母兔在分娩时处于饥饿状态，在分娩时将仔兔当胎盘吃掉，在第二胎分娩时同样吃掉仔兔，就会形成吃仔习惯，也叫食仔癖。特别是初养户，当母兔分娩时进行观看或用手抓仔兔，使母兔处于惊慌状态而吃掉仔兔。

预防措施：当母兔分娩时要有人看护，产下仔兔后立即拿走，母仔兔分离饲养，母兔淘汰。母兔分娩时不要观看，更不要用手触摸仔兔，保持安静，分娩后再进行检查。

17. 怎样给乏情母兔进行人工催情?

促进乏情母兔发情的主要方法有以下几种。

(1) 激素催情。如孕马血清促性腺激素，每只50~80单位，一次肌内注射。一般次日后即可发情配种。

(2) 药物催情。每只日喂维生素E 1~2丸，连续3~5天；中药"催情散"，每天3~5g，连续2~3天，均有较好的催情效果。

(3) 挑逗催情。将乏情母兔放到公兔笼内，任公兔追赶、啃舔和爬跨，1小时后取走，约4小时后检查，多数有发情表现；否则，再重复1~2次。

(4) 按摩催情。用手指按摩母兔外阴，或用手掌快节律轻拍外阴部，同时抚摸其腰荐部，每次5~10分钟，4小时后检查，多数发情。

(5) 外涂催情。以2%的医用碘酊或清凉油涂擦母兔外阴，可刺激母兔发情。

(6) 外激素催情。将母兔放入公兔的隔壁笼内或将母兔放入饲养过公兔的笼内。公兔释放的特殊气味可刺激母兔发情。

18. 在什么情况下，需要考虑人工催产？

在一般情况下，母兔产仔比较顺利，不需要催产。但是，在个别情况下需要进行催产处理。比如，妊娠期已达到32天以上，还没有任何分娩的迹象；有的母兔由于产力不足（仔兔发育不良，活动量小或个别仔兔是死胎，不能刺激子宫肌产生有力的收缩或蠕动，或母兔体力不支，不能顺利产出胎儿等），而不能在正常的时间内分娩结束；母兔怀的仔兔数少（1~3只），在30天或31天没有产仔，唯恐仔兔发育过大而造成难产；个别母兔有食仔恶癖，防止其“旧病复发”，需要在人工监护下产仔；冬季繁殖，兔舍温度较低，若夜间产仔，仔兔有被冻死的危险，需要人工护理等情况下，有必要进行人工催产。

19. 母兔产后缺乳怎么办？

由于青绿饲料不足，母兔产后缺乳，仔兔吃不饱，饥饿的仔兔在吃奶时相互争夺奶头，母兔由于疼痛而拒绝哺乳甚至咬死仔兔。

预防措施：加强营养，母兔产前、产后多喂多汁饲料或产后饮用红糖水、豆浆，以增加泌乳量，对拉毛少或不拉毛的母兔要人为进行帮助拉毛，拉毛可刺激母兔乳腺发育，促使乳汁分泌。对乳头破损的母兔要及时治疗，防止感染而继发乳房炎，对严重缺乳的母兔所产仔兔要进行寄养，如第二胎在严重缺乳时要淘汰，不能留种用。

20. 母兔流产是怎样造成的？

母兔怀孕中断，排出未足月的胎儿叫流产。母兔流产前一般不表现明显的征兆，或仅有一般性的精神和食欲的变化，常常是在兔笼中发现产出的未足月的胎儿，或者仅见部分遗落的胎盘、死胎和血迹，其余的已被母兔吃掉。有的母兔在流产前可见到拉毛、衔草、做窝等产前征兆。

母兔流产的原因很多，比如机械损伤、惊吓、用药过量或长期用药、误用有缩宫作用的药物或激素、交配刺激、疾病、遗传性流产、营养不足、中毒等。在生产中以机械性、精神性及中毒性流产最多。

21. 如何进行家兔的频密繁殖（血配）?

频密繁殖又称“血配”。一般养兔场仔兔多在 40~45 日龄断奶，然后母兔再次配种，所以每年只能繁殖 3~4 胎，繁殖速度很慢。频密繁殖就是母兔产后 1~3 日内即行配种，使其哺乳、妊娠同时进行，哺乳期缩短至 25 天左右，所以每年可繁殖 6~8 胎，每只母兔每年可繁活仔兔 40~60 只。采用频密繁殖必须具备以下条件：① 母兔体质要健壮；② 饲料营养要全面；③ 实行仔兔早期断奶。采用频密繁殖，仔兔一般在 25~28 日龄断奶，为保证仔兔的正常生长，开眼后就应抓好“补料关”，一般从 16 日龄开始补料，喂给少量容易消化而又营养丰富的饲料，开始补料时应少喂多餐，最好每天 5~6 次。

22. 造成死胎的原因是什么?

造成死胎的原因很多，总的来说分产前死亡和产中死亡。产前死亡的原因比较复杂，如母兔营养不良，胎儿发育较差，母兔妊娠后期停食，体组织分解而引起酮血症，造成胎儿死亡；妊娠期间高温刺激，造成胎儿死亡，妊娠中止；饲喂有毒饲料或发霉变质饲料；近亲交配或致死、半致死基因重合；妊娠期患病、高烧及大量服药等。产中死亡多为胎位不正、胎儿发育不良，或胎儿发育过大，产程过长，仔兔在产道内受到长时间挤压而窒息。

23. 何种妊娠检查较为准确?

在实践中一般以摸胎法较为准确，在母兔交配 8~10 天后即开始摸胎。若腹部柔软如棉，则没有受胎；如摸到像花生米样（直径 8~10mm）大小能滑动的肉球，一般是妊娠的征兆。兔的粪球，虽呈圆形，但多为扁椭圆形，不光滑，分布面积较大，不规则，并与直肠宿粪相接。胚胎的位置比较固定，多数均匀地排列在腹部后侧两旁，呈圆球形，指压时光滑。

24. 营养与繁殖力有哪些关系?

长期营养不足，缺乏某些营养成分或某种营养物质，会使种兔的性机能受到抑制，精子和卵子的质量降低；相反，营养过盛，特别是能量超标，会使种兔体内囤积大量的脂肪。母兔卵巢脂肪的积累，会影响卵巢卵子的发育和排卵，受胎率降低，胚胎的早期死亡增加，还可引起化胎、产死胎、难产等不良后果；公兔过于肥胖，会使性机能减退，公兔性情懒惰，不爱运动，配种无力，效率低下，同时又导致精液品质下降。种兔营养是影响繁殖力的主要因素，确定合适的营养水平，设计合理的饲料配方，根据每个种兔的具体情况而确定每天的饲料投喂量，是保证种兔营养平衡、保持良好的体况、旺盛的配种能力和较高繁殖力不可缺少的 3 个环节。

第八章　家兔营养与饲料

第一节　家兔的营养需要

1. 家兔日粮中为什么需要富含能量的物质？

家兔采食的饲料中三大有机物，即蛋白质、碳水化合物和脂肪在体内进行生物氧化，释放出分子内潜藏的化学能量，再转化成维持生命活动和从事肉、乳、毛等生产所需的能量。其中，碳水化合物在植物性饲料中占70%左右，是家兔能量的主要来源。饲料中的能量蕴藏在营养物质中，家兔营养物质的代谢必然伴随着能量代谢，之所以把能量单提出来作为家兔营养需要的一项，是因为能量水平在家兔饲养标准中占有很重要的地位。实践证明，饲养效果与能量水平密切相关，即能量水平直接影响生产水平。家兔和其他单胃动物一样，能自动地调节采食量以满足其对能量的需要。不过，家兔消化道的容量是有一定限度的，因此，其自动调节能力也是有限度的。当日粮能量水平过低时，虽然增加采食量，但仍不能满足其对能量的需要，否则会导致家兔的健康恶化，能量利用率降低，体脂分解多导致酮血症，体蛋白分解多而致毒血症。若日粮中能量过高，谷物饲料比例过大，则会出现大量易消化的碳水化合物由小肠进入大肠，从而增加大肠的负担，出现异常发酵，其恶果轻则引起消化紊乱，重则发生消化道疾病。另外，如果日粮中能量水平偏高，家兔会出现脂肪沉积过多而肥胖，对繁殖母兔来说，体脂过高对雌性激素有较大的吸收作用，从而损害繁殖性能。公兔过肥会造成配种困难等不良后果。控制能量水平，可推迟后备母兔性成熟月龄，然而对其以后的繁殖机能是有益的。对毛用兔，过高的能量供给不仅是个浪费，而且对毛的产量和质量会产生一定程度的不良影响。因此，要针对不同种类、不同生理状态控制合理的能量水平，保证家兔健康，提高生产性能。

2. 家兔日粮中为什么需要富含蛋白质的物质？

蛋白质是生命活动的物质基础，其作用不能由其他物质所代替。蛋白质是构成家兔机体的主要成分，是体组织再生、修复的必需物质，是兔产品的重要原料，还可作为能源物质。当饲料中蛋白质的数量和质量适当时，可改善日粮的适口性，增加采食量，提高蛋白质的消化率。当蛋白质不足或质量差时，将影响整个日粮的消化、利用，严重的可导致兔体抗病力、体重下降、生长停滞、受胎率降低、产生弱胎和死胎。但如果饲料中蛋白质过多，不仅造成浪费，而且使蛋白质在胃肠道内引起细菌的腐败过程，产生大量胺类，增加肝、肾的代谢负担，热量消耗增加。因此，应合理搭配饲料，在保障蛋白质营养供应的同时，避免蛋白质营养的过剩。

3. 家兔日粮中为什么需要富含脂肪的物质？

脂肪也是构成体组织的重要成分，是家兔生产和修复组织不可缺少的物质；脂肪也是供给家兔热能和贮备能量的主要物质，贮积的脂肪还具有隔热保温、支持保护脏器和关节的作用。某些维生素，如维生素 A、D、E、K 只有溶解于脂肪中才能被吸收和在体内代谢。脂肪缺乏，将会出现这些维生素的缺乏症。另外，脂肪也是畜产品的组成成分，如兔乳中含 13.296% 的乳脂，兔毛中含 0.84% 的油脂等。当日粮中严重缺乏脂肪时，家兔表现生长受阻，性成熟晚，睾丸发育不良；受胎率低，产畸形胎儿，皮肤干燥，掉毛，瞎眼等症。但脂肪过多，会造成食欲减退，消化不良、过肥和不孕等。兔日粮中脂肪含量 2%～3%即可，加入 5%～8%脂肪，对体增重有促进作用，但超过5%则产生不良后果。另外，家兔能较好地利用植物性脂肪，消化率为 83.3%～90.7%，对动物性脂肪利用较差。

4. 家兔日粮中为什么需要富含矿物质的物质?

矿物质是一类无机的营养物质，是家兔体内除碳、氢、氧、氮主要以有机物质形式出现以外其他各种元素的统称。根据体内含量的不同，矿物质分为常量元素和微量元素两大类。常量元素是指占家兔体重0.01%以上的元素，主要有钙、磷、钾、钠、氯、镁和硫，占兔体矿物质总量的99.95%。微量元素是指占家兔体重0.01%以下的元素，主要包括铁、锌、铜、钼、锰、钴、硒、碘等，共占兔体矿物质总量的0.05%。任何一种矿物质在家兔体内都有其特定的生理功能，任何一种矿物质缺乏或过量都会引起兔体机能紊乱。如：磷缺乏会导致骨骼病变，幼兔和成年兔的典型症状是佝偻病和骨质疏松症。另外，家兔缺钙还会导致眼球水晶体白浊、痉挛。缺磷则主要表现厌食、生长不良。由于植物性饲料中含钾多，含钠和氯极少，所以，家兔很少发生缺钾现象，而经常缺钠和氯。当日粮中缺钠和氯时，幼兔生长受阻，食欲减退，出现异食癖等。因此，家兔日粮中需添加0.5%的食盐，但当饮水受到限制时，采食过量食盐会引起家兔中毒。家兔缺镁会导致过度兴奋而痉挛，生长兔生长不良。目前，无机硫对维持家兔健康和生产是否必需尚无定论。但当家兔日粮中含硫氨基酸不足时，添加无机硫酸盐可提高肉兔生产性能和蛋白质沉积。据试验，饲料中加入1%~2%硫黄，对于促进家兔增重，预防球虫病有一定的作用。家兔的毛中含硫最多，对于长毛兔，日粮中含硫氨基酸低于0.4%时毛的生长受到限制，当提高到0.6%~0.7%时可提高产毛量15%~27%。家兔缺铁的典型症状是低色素红细胞性贫血，表现为体重减轻，食欲减退，倦怠无神，黏膜苍白。兔的肝脏有很大的贮铁能力，故一般不易发生缺铁症状。缺铜会使血红细胞的寿命缩短，铁的吸收利用率降低，而造成家兔贫血，体重减轻，生长受阻，典型症状是脊柱下垂，被毛变灰色。过量钼会造成铜的缺乏，故在钼的污染区，应增加铜的补饲。日粮中锌不足，会导致母兔采食量减少，体重减轻，深色毛变灰，脱毛，皮炎，繁殖力丧失。块根块茎饲料中含锌贫乏，而酵母、糠麸、油饼和动物性饲料中含有大量的锌。家兔缺锰时，会导致骨骼发育异常，如弯腿、脆骨症、骨短粗症等，还会影响正常的繁殖机能。植物性饲料中含有较多的锰，一般不会造成缺乏。钴是维生素 B_{12} 的组成成分，钴缺乏时会使幼兔生长停滞，成兔消瘦贫血。正常情况下，饲料中含有足够的钴，但在缺钴地区应予以补加。缺硒引起的症状与维生素 E 不足相似，可导致如生长停滞、繁殖机能紊乱、白肌病、睾丸萎缩等。硒过量会造成中毒，除中国东北及西北部分地区已发现土壤和饲料中缺硒并造成家畜缺硒症外，多数地区饲料中的含硒量可满足家兔的需要。缺碘具有地方性，缺碘会引起幼兔生长受阻，神经和性器官发育受阻，繁殖机能下降。因此，缺碘地区应补碘化食盐。

5. 家兔日粮中为什么需要富含维生素的物质?

维生素是维持家兔正常生理机能所必需，且需要量很少的一类低分子有机物质。缺乏这类物质将导致代谢障碍，出现相应缺乏症。目前，已确定的维生素有 14 种，根据其溶解性，将其分为脂溶性维生素和水溶性维生素两大类。脂溶性维生素包括维生素 A、D、E、K。水溶性维生素包括 B 族维生素和维生素 C。维生素 A，又称抗眼病维生素。缺乏维生素 A 会导致视力减退、夜盲症。上皮细胞过度角质化，引起眼病，还会导致肺炎、肠炎、流产、胎儿畸形、幼兔生长停滞、发育不良、骨骼发育异常而压迫神经，造成运动失调、痉挛性瘫痪。植物性饲料中不含维生素 A，只含有胡萝卜素，尤其是青绿饲料、胡萝卜和黄玉米中含量较多，胡萝卜素在小肠及肝脏中可转变成维生素 A，家兔的转化能力很强。但维生素 A 与胡萝卜素都不稳定，易被氧化，当饲料受热、受潮、发霉或储存时间较长时，大多数氧化失效。生产中，维生素 A 缺乏症较多见，应特别注意。但补充维生素 A 过量也会引起不良反应，表现为生长障碍，皮肤营养障碍，上皮增厚，自然性骨折等。维生素 D，又称抗佝偻病维生素。其主要功能是调节钙、磷代谢，促进骨骼和牙齿的钙化和发育。维生素 D 不足，机体钙磷平衡受到破坏，从而导致与钙、磷缺乏类似的骨骼病变，如软骨病、关节肿大、母兔产后瘫、仔兔佝偻病等，为防止维生素 D 缺乏，除主加以外，可让兔子多晒太阳，饲喂天然干草，也可获得一定的维生素 D。维生素 D 过量也会引起家兔的不良反应。维生素E，又称抗不育维生素。家兔对缺维生素E非常敏感，其作用不能被硒协同和代替。当维生素E不足时，会导致兔子肌肉营养性障碍，即骨骼肌和心肌变性，运动失调，瘫痪，还会造成脂肪肝及肝坏死，繁殖机能受损，新生兔死亡，母兔不孕。一般青绿多汁饲料和优质干草中都含有较丰富的维生素E，而蛋白饲料中较缺乏。维生素K，又称抗出血维生素，是血液凝固所必需的物质。家兔肠道能合成维生素K，合成的数量一般能满足生长兔的需要。种兔在繁殖时必须添加维生素K。饲料中添加抗生素、磺胺药及某些饲料中含有拮抗物，如双香豆素以及肝脏患球虫病时会引起维生素K缺乏。当日粮中维生素K缺乏时，会引起妊娠母兔的胎盘出血、流产等。维生素B_1，又叫硫胺素、抗神经炎维生素。由于家兔消化道能合成相当数量的维生素B_1，故其缺乏症较少发生。但当日粮中含有结构与维生素B_1相似的拮抗物时，就会发生维生素B_1缺乏症，表现为生长受阻，运动失调，后肢瘫痪，痉挛，昏迷直至死亡。维生素B_2，又叫核黄素。家兔体内能合成足够的维生素B_2，故不易缺乏。维生素B_3，又叫泛酸。家兔饲料中泛酸来源广泛，且体内能合成，因此很少发生缺乏症。维生素PP，又叫烟酸、尼克酸，抗糙皮病因子。当烟酸不足时，家兔表现为丧失食欲，下痢消瘦，生长受阻。家兔与其他家畜一样，在体内可利用色氨酸转化为烟酸。日粮中缺乏烟酸时，添加色氨酸可以防止烟酸缺乏症。另外，家兔的消化道中也能合成烟酸。维生素B_6，又叫吡哆素，包括比哆醇、吡哆醛、吡哆胺。当吡哆素缺乏时，家兔生长缓慢，易患皮炎，神经系统受损，表现为运动失调，严重时痉挛。家兔在盲肠中能合成维生素B_6，但当生产水平高时，需要量也高，故应在日粮中补充维生素B_6。每千克饲料中加入40μg维生素B_6可预防缺乏症。维生素B_7，又叫生物素，一般情况下，家兔肠道能合成维生素B_7，可满足需要，但合成的生物素易被某些氨基酸复合体转化为不能吸收的形式，而发生缺乏症，如皮炎、脱毛、痉挛等。维生素B_{11}，又叫叶酸。叶酸缺乏时，家兔发生巨红细胞性贫血，使生长受阻。家兔的饲料中叶酸来源广泛，且肠道微生物能合成足够的叶酸。但当口服磺胺类药物时，可抑制合成叶酸的微生物生长，引起缺乏症。维生素B_{12}，又叫抗恶性贫血维生素。当维生素B_{12}缺乏时，家兔生长缓慢，贫血等。一般植物性饲料中不含维生素 B_{12}，但家兔肠道微生物能合成，合成的量受饲料中钴含量的影响。胆碱缺乏时，家兔会出现脂肪肝、肝硬化、肾坏死、贫血、黄疸等。生长停滞，运动失调，成年母兔繁殖机能障碍。维生素 C，又叫抗坏血酸、抗坏血病维生素。当缺乏维生素 C 时，贫血、凝血时间延长，影响骨骼发育和对铁、硫、碘、氟的利用，生长受阻，新陈代谢障碍。家兔体内能合成满足生长需要的维生素 C。对幼兔和高温、运输等逆境中的家兔应注意补充。

6. 家兔日粮中为什么需要富含粗纤维的物质?

粗纤维包括纤维素、半纤维素和木质素，是植物细胞壁的主要成分。家兔是单胃草食动物，其发达的盲肠中存有可利用粗纤维的微生物体系，但其对于粗纤维的消化率低于复胃动物牛和羊。尽管如此，日粮中适量的粗纤维对于维持正常的消化生理，防止消化功能的紊乱，起到举足轻重的作用。不同的饲料中粗纤维的内部结构不同，因而，消化率不一样。不同的品种对于粗纤维的利用率也不同，一般来说，大型的本地品种对于粗纤维的消化率较高。日粮中粗纤维的标准各国不一，一般为 12%～14%。但是，生产中适量提高粗纤维的含量，对于预防消化道疾病有良好效果。

7. 家兔日粮中为什么需要富含水分的物质?

水是家兔赖以生存的重要因素，家兔体内所含的水约占其体重的 70%。水是消化吸收的介质，家兔体内各种消化液均含有水分，水在胃肠道内可刺激胃液分泌，稀释肠液，使消化的营养物质易于吸收；水参与细胞内、外的化学作用，促进新陈代谢；水是调节体温的重要物质，炎热时，通过出汗，利用水分的蒸发消耗热能，降低体温；水作为关节、肌肉和体腔的润滑剂，对组织器官具有保护作用。饮水是家兔体内水的主要来源。据报道，家兔每千克活重需水 12～16g/天。家兔越小，需水越多。气温 15～25℃ 时，家兔每天饮水量为：活重 0. 5kg 时 100mL，3kg 时 330mL，4kg 时 400mL；哺乳 40～50 日龄幼兔的母兔 2. 0～2. 5L。家兔的饮水量一般为采食干草量的 2. 0～2. 5

倍，夏季约为4倍；哺乳母兔与幼兔饮水更多。各类饲料中均含有水，如青饲料含水量为70%~95%，谷实类10%~14%，饼粕类10%，粗饲料12%~20%，这部分水也是家兔体内水的重要来源。水是家兔维持生命绝对不可缺少的物质。饥饿时，家兔可消耗体内的糖元、脂肪和蛋白质等来维持生命，甚至失去体重的40%仍可维持生命。但家兔体内损失5%的水，就会出现严重的干渴现象，食欲丧失，消化能力减弱，抗病力下降；损失10%的水时，就会引起严重的代谢紊乱，生理过程遭到破坏，由于缺水引起的代谢紊乱可使家兔健康受损，且生产力遭到严重破坏，仔兔生长发育迟缓，增重缓慢，母兔泌乳量降低，兔毛生长速度下降等；当家兔体内损失20%的水时，即可引起死亡。家兔具有根据自身需要调节饮水量的能力，因此，应保证家兔自由饮水。有人认为兔子喝水多了易发生腹泻，这种观点是片面的，但供水时应保证水的卫生，符合饮用水标准和保持适宜的温度。

8. 家兔日粮中为什么需要富含碳水化合物的物质?

碳水化合物是构成体组织的重要成分，是体内热能的主要来源，在体内可转变为糖元和脂肪，作为营养贮备于肝脏和肌肉中备用，还是合成乳脂和乳糖的原料。碳水化合物如果不足，实际上是能量不足，这时家兔为维持生命活动就停止生产，并动用体内储备的糖元和体脂肪用以供能，造成体重减轻，生产力下降。缺乏严重时便分解体蛋白质供给最低能量需要，造成家兔消瘦，抗病力下降，甚至死亡。碳水化合物中的粗纤维虽不易消化，但可使胃肠道有一定的充盈度，使家兔有饱感，可使胃肠道正常蠕动，避免浓厚料在胃内结成团块。据报道，日粮中含有12%~15%粗纤维可使肠炎发生率降低到最低程度。从生理角度看，粗纤维含量的最小值为6%，生产中常有因日粮中粗纤维含量低，家兔为保持纤维量而吃毛的现象。当有15%粗纤维时不发生吃毛现象，也可减少肠毒症发生。但当粗纤维超过20%时，可能引起盲肠梗塞；青绿饲料和粗饲料是粗纤维的重要来源，家庭养兔应以草为主，精料为辅。

9. 家兔养殖需要哪些饲料?

家兔养殖中需要的饲料种类很多，概括起来，大致分为六大类。

（1）能量饲料。指干物质中粗纤维含量低于 18%，同时，粗蛋白质含量小于 20%的一类饲料。

（2）蛋白质饲料。指干物质中粗纤维含量低于 18%，粗蛋白质含量等于或大于 20%的一类饲料。

（3）粗饲料。指干物质中粗纤维含量超过 18%的一类饲料。

（4）矿物质饲料。如食盐、石粉、贝壳粉、骨粉、磷酸氢钙等。

（5）青绿多汁饲料。是指水分含量高于 60%、富含维生素的一类绿色植物饲料和块根块茎及瓜果类饲料，如青草、青菜、胡萝卜、南瓜、麦芽、豆芽等。

（6）饲料添加剂。指饲料中添加的少量成分，它在配合饲料中起着完善饲料营养全价性、改善饲料品质、提高饲料利用率、抑制有害物质、防止动物疾病发生、增进健康，从而达到提高动物产品品质和动物生产性能、节约饲料和增加经济效益的目的。

10. 家兔的能量需要、精料不足或过剩时的危害有哪些?

家兔是一种草食动物，在饲养过程中，既要保证其生长发育所需的营养要素，又要避免无节制地投给过多精料，许多养兔者盼望兔子长得快、长得好，竭力多喂精料。事实上这样非但没有好处，反而使兔子容易得病。合理搭配精、青、粗饲料，保持兔舍环境的清洁卫生，是预防兔群腹泻病的有效措施。

11. 什么是必需氨基酸和非必需氨基酸?

蛋白质的基本组成单位是氨基酸。组成家兔体蛋白的氨基酸有一些在体内能合成，不需要由饲料供给，这些氨基酸被称为非必需氨基酸；有一些氨基酸在家兔体内不能合成，或者合成的量不能满足家兔的营养需要，必须由饲料供给，这些氨基酸被称为必需氨基酸。家兔需要的 20 多种氨基酸中，必需氨基酸为：精氨酸、组氨酸、异亮氨酸、蛋氨酸、苯丙氨酸、苏氨酸、色氨酸、缬氨酸、亮氨酸、赖氨酸、甘氨酸，其中赖氨酸、蛋氨酸、精氨酸是限制性氨基酸。蛋白质品质的高低取决于组成蛋白质氨基酸的种类和数量。当蛋白质所含的必需氨基酸和非必需氨基酸的种类、含量以及必需氨基酸之间、必需氨基酸与非必需氨基酸之间比例与家兔所需要的相吻合时，该蛋白质称为理想蛋白质，其本质是氨基酸间的最佳平衡。

第二节　科学搭配家兔饲料

1. 饲料的配合原则是什么?

（1）抓饲料品质。饲料品质关系到家兔健康。配合饲料应严禁使用各种发霉变质低劣饲料。如质量低劣的动物性饲料最好不用。对含有毒素或有问题的饲料从经济角度非用不可时，要限制用量，一般不超过3%。

（2）符合消化特点。家兔是单胃草食动物，喜欢采食植物性饲料和颗粒饲料，不喜欢采食粉料。玉米应限制用量，用量多时会在家兔肠内异常发酵，导致腹泻。粗纤维对营养物质的消化和吸收，大、小肠的蠕动作用很大，但含量过高或过低，对肠道消化液的分泌有不良影响。

（3）原料比例。一般原料的大致比例如下：粗饲料（如干草、秸秆、藤蔓等）35%~45%，能量饲料（如玉米、大麦等）25%~35%，植物性蛋白质饲料（如各种饼粕类等）5%~15%，动物性蛋白质饲料（如鱼粉）0%~5%，矿物质饲料（如鱼粉、石粉等）1%~3%，饲料添加剂（如微量元素等）0.5%~1%，食盐0.3%~0.5%。

（4）充分利用资源。选用饲料应考虑经济实惠，充分利用来源广泛、营养丰富、价格便宜的饲料资源。特别是蛋白质饲料，可利用苜蓿草粉（含粗蛋白质20.1%）、槐树叶粉（含蛋白质19.3%）等，以降低成本。

（5）日粮相对稳定。饲料配方的优劣是经过小范围饲养试验结果来确定，凡是所配合的家兔日粮被兔喜食、生长快、饲料转化率高，成本低，收益大，则应保证相对稳定。不宜变化太大，以免带来不良影响。如必须更换，需逐渐进行。

(6) 谨慎使用微量添加剂。一般而言，维生素和微量元素不要超标准使用，根据环境、饲养管理、气候等变化上调 20%～150%。但对微量元素硒要谨慎，准确计算添加数量，以免中毒。添加药物要注意有效期，而且要轮换使用，以防产生耐药性。

(7) 配制饲料，因兔制宜。配制家兔日粮，要根据家兔的品种特性，生理阶段（如生长期、妊娠期、哺乳期、配种期等）和体况，季节，参考营养标准进行配制，不可千篇一律。只有这样，才能满足不同类型家兔的营养需要，提高饲料效率，降低生产成本。

2. 如何科学搭配家兔饲料?

(1) 以青、粗饲料为主，精饲料为辅。家兔是草食动物，消化器官发达，具有一系列适应食草的解剖构造和生理特点。精饲料的补充量要根据家兔生长、配种、妊娠、哺乳等不同生理阶段的需要和青粗饲料的品质而定。如妊娠后期的母兔、配种时期的公兔，以及生长发育的幼兔和哺乳母兔，青饲料要好一些，粗饲料的比例要稍多一些。在青饲料质量好的夏秋季节，精饲料可少补一些。一般日粮中青饲料应占 60%～70%，粗、精饲料比例占 30%～40%为宜。

(2) 饲料搭配多样化。家兔生长发育快，繁殖率高，新陈代谢旺盛，必须从饲料中获得多种多样的养分才能满足生长、繁殖、哺乳的营养需要，从而提高生产水平，增加经济效益。各种饲料所含养分、种类和质量是各不相同的。若长期喂单一饲料，不仅满足不了其营养需要，还会造成营养缺乏症，影响生长发育。俗话说："要想养兔好，需要百样草"。所以，喂兔的饲料品种要多样化。根据饲料含有营养成分取长补短，合理搭配，才能有利于家兔的生长发育。

(3) 饲料和饮水要新鲜、清洁、卫生，保证质量。做到"十不喂"：一不喂露、霜草，也就是带有露水和霜冻的草不要喂，要晾干后再喂，以防引起腹疼；二不喂泥土草，防止引起消化不良；三不喂农药污染草，以防农药中毒而死亡；四不喂有毒草，如臭椿叶、桃树叶、毒芹等，以防饲料中毒；五不喂被兔粪污染的饲草饲料，以防引起肠炎及母兔流产；七不喂尖刺草，特别是仔、幼兔吃尖刺草易损伤口腔，被病菌或病毒感染，引起传染性口腔炎，造成大批死亡；八不喂发芽的马铃薯和带黑斑病的甘薯；九不喂未经蒸煮或烤焙的豆类饲料；十不喂大量的菠菜、牛皮菜、紫云英等青绿饲料。

（4）更换饲料要逐渐进行。当前广大农村群众养兔仍处于有啥喂啥的状况。夏秋季节以青绿饲料为主。在早春开始吃青饲料或晚秋开始吃粗饲料或多汁饲料时，新换的饲料要逐渐增加，使家兔胃肠有一个逐渐适应的过程。如突然更换饲料，容易引起过食或食欲不振和消化不良，甚至拉稀或便秘等。

（5）喂给饲料，要注意饲料适口性。配制日粮时，一定要适应家兔的嗜好。家兔喜欢甜的、素的，不爱吃粉状的、有腥味的，颗粒饲料是家兔最理想的饲料剂型。喂粉料时，要用水拌湿后再喂给，否则，易被吸进气管，引起呼吸道疾病。加喂带腥味的动物性饲料，如鱼粉、骨肉粉等，要加工成粉后均匀地拌入料内喂，且用量不可过多。

（6）既要定时定量，又要机动灵活。定时，即固定每天饲喂次数和时间，使家兔养成定时采食和排泄的习惯，使其胃肠有一个休息时间。定时饲喂可使家兔形成条件反射，增加消化液的分泌，提高胃肠的消化能力，提高饲料的利用率。定量，即根据家兔对饲料的需要来确定每天喂饲的数量，防止忽多忽少，让家兔吃饱吃好，防止过食。特别是幼兔，过食会引起胃肠炎。具体饲喂时要灵活机动。采取“七看”饲喂法：一看体重，体重大的多喂点，体重小的少喂点。二看膘情，膘情好的或过肥的要少喂点，瘦弱者、膘情差者多喂点。三看粪便，如粪便干硬，要增加青绿多汁饲料，增加饮水。当粪便湿稀时要增加粗饲料，少给青绿多汁饲料，减少饮水，并及时投喂药物。四看饥饱，如果兔子很饿，食欲旺盛，可适当增加饲喂量。如果食欲不佳，不饿，可少喂些。五看冷热，天气寒冷时，应喂给温料，温水。热天少喂，增加青绿多汁饲料，多饮水，饮新鲜井水。六看年龄，成年兔饲喂次数要少，一般每天 2~3 次，中年兔每天 3~4 次，刚断奶的幼兔每天 4~5 次，并要求喂给质量好、易消化的饲料。七看带仔兔，如母兔哺乳仔兔多，仔兔已开始吃饲料，仔兔比较大时，要多设饲槽，多供饲料。

（7）添喂夜草。家兔仍然承袭其祖先昼伏夜出的习性，夜间活动多，采食量也大，冬天夜长需要夜饲。“马不喂夜草不肥，兔不喂夜草不壮”就是这个道理。夏季白天炎热，兔子采食很少，而夜间凉爽，食欲旺盛，更需要夜饲。实践证明，家兔夜间采食量要占全天采食量的一半以上。要想养好家兔，必须添喂夜草。

（8）调整饲料，因地制宜。根据季节和粪便情况及时调整饲喂方法和饲料。夏季中午炎热，食欲降低。早晨和晚上气温凉爽，食欲增强。饲喂时要掌握早上喂早，中午要精而少，晚上要喂饱。冬季天寒，昼短夜长，早上喂得早，中午吃得好，晚上吃得饱，夜间添夜草。冬季无青草，为了增加维生素，应注意补充多汁饲料。梅雨季节要多喂干草，干燥的春季要多喂青料；粪便太干时，应多喂青绿多汁饲料，减少干饲料，粪便干小而发黑时，要多喂青粗料，少喂精饲料。

（9）充足供水，做到“五不饮”。水是家兔生活中的必需营养物质之一，必须保证供应。家兔的饮水量一般为饲料干物质量的2倍。实践证明，如果供水不足，则采食量下降，食物的消化、吸收、代谢物的排出和体温调节都会受到不良影响。炎热夏天缺水时间一长，家兔易中暑死亡，母兔分娩后无水易食仔兔。因此，供应足够的清洁饮水应作为经常性的工作。供水量可根据年龄、季节、生理状况和饲料种类等不同情况进行调节。生长兔饮水量多于成年兔，妊娠和哺乳母兔的饮水量高于空怀母兔，高温季节和饲喂颗粒饲料时的饮水量需增加，冬季和饲喂青绿饲料时饮水量需减少。做到“五不饮”，即一不饮冰渣水；二不饮坑塘水；三不饮隔夜水；四不饮污水；五不饮有毒水。

3. 是否可以完全用青绿饲料喂家兔？

尽管完全用青绿饲料喂兔也能将家兔养活，但会导致家兔生长发育缓慢，发病率与死亡率提高，严重地影响养殖户的经济效益。尽管青绿饲料营养较全面，富含维生素、优质蛋白和一些微量元素等。但是，由于其富含水分，其营养价值是低的。

家兔生长和繁殖等不同的生理阶段，需要全价的营养，比如，一般能量在10~12kJ/kg，蛋白质在15%~18%，而任何青绿多汁饲料是很难满足的。如果仅以青绿饲料喂兔，会造成营养的严重缺乏，降低家兔的生产性能，甚至造成代谢性疾病。

4. 家兔配料应注意什么？

常用的主要有精料、粗料、青饲料。青饲料就是指各种野草、野菜、各种树叶、各种蔬菜下脚料，都可以喂兔。精料就是玉米面、麸皮、豆饼、花生饼、棉籽饼、菜籽饼、胡麻饼。粗料就是指的当冬天没有青绿饲料时，各种作物秸秆，如玉米秸、花生梗、山药秧、豆秸，甚至玉米秸、稻秸，坝上的莜麦秸，都可以喂兔，关键是喂的时候要配合饲料，因为家兔毛比较密，要求蛋白质水平要高一点，达到17%~18%，幼兔还可以再高一点。配合饲料要注意多样性，像夏天、秋天用青绿饲料，样数要多，各种野草、野菜、树叶混合在一起，放在草架上任兔自由采食。冬天的粗饲料，像玉米秸、花生蔓、山药蔓、豆秸，多种多样混合起来，粉碎，因为不同的饲料含的营养成分不一样，营养价值不一样，适口性不一样，混合到一起，兔子吃了以后，吃得香甜，各种营养互补，营养价值就要高。精料，如玉米、麸皮、豆饼、花生饼、棉籽饼，有条件的样数也多点好。无论是精料、粗料、青饲料，都要多种多样。农村老百姓一家一户没有颗粒机，就要湿拌粉料，即加上草粉，粉碎后，加上豆饼、花生饼、棉籽饼，磨碎混到一起，喂的时候多少加点水，拌好，用手一抓，如果往下掉水，但是水掉不下来，往下一放就散开了，为最好。如果用手一攥，使劲一压，水滴滴答答往下掉，就说明加水加得有点多，搁点干的混好，即是混合料。有条件的打成颗粒料喂比较好。如果增加营养，光喂这个还不行，过去说马无夜草不肥，兔子没有夜草不壮，有条件的除了喂颗粒料、湿拌粉料以外，草架上还应该是夏秋天青饲料管足，冬天青干草管足，还包括夜饲，晚上喂一回，就是睡觉前后，把饲料、饮水给足，冬天把粗饲料捆在草架上，让兔随便吃，就增加了营养。如果农村有条件的，断奶前后的幼兔、哺乳母兔、怀孕后期的母兔，需要营养价值比较高，有些地方补喂花生豆、黄豆更好。黄豆到处都有，含有的营养成分比较高，除了蛋白质以外，还有一些脂肪，特别是冬天缺乏维生素，尤其是脂溶性的维生素，没有脂肪时，消化利用就要差一点。把黄豆泡软了，煮熟了，多少加点盐，像怀孕后期的母兔、哺乳母兔和断奶的小兔，每只每天喂一部分，很快就长好了。

配料时还应注意以下几项。① 注意因地选料。既要符合家兔的营养需要，又要因地制宜，尽量选用当地现有草料。② 注意饲料的多样性。多种饲料配合，可起到营养互补的作用。③ 注意季节差异。我国多数地区冬春缺乏青绿饲料，容易出现维生素缺乏症，应注意补充。④ 注意饲料的适口性。家兔对草料存在喜食与厌食的习性，如喜吃苦荬菜、紫花苜蓿、黄豆，而对有霉味的、腥味的草料厌食，但对喜食的应有适当控制。如不能过多喂给黄豆或豆饼，否则可引起中毒。⑤ 要讲求经济、实用。要讲求成本，如对鱼粉利用不应过多，鱼粉价高。而且草食的兔子不喜食大量的动物性蛋白，为求得氨基酸等更加全面，可配合 2%~3%，不必过多。

5. 蔬菜喂兔应注意什么问题?

长期给兔喂一种或几种蔬菜，会造成某些方面的营养缺乏，影响幼兔的生长发育，成兔则生产性能不能很好发挥。

蔬菜含水量高达 85%左右，粗纤维含量低，鲜脆适口性好，兔多贪吃。用蔬菜叶喂 90 日龄内的幼兔，仅几天时间，就会出现腹泻。芥菜、油菜、甘蓝、萝卜等十字花科蔬菜含芥子苷，它是一种配糖体，在芥子酶作用下，可生成硫氰酸盐、异硫氰酸盐、噁唑烷硫酮等促甲状腺肿毒素，可以抑制碘在甲状腺内吸收，而引起甲状腺肿，另外还损害兔的肝脏、肾脏，造成死亡率增加。用受蚜虫、菜青虫害的蔬菜喂兔，会引起兔结膜炎、口炎、胃肠炎、鼻炎、阴道炎和腹痛、下痢。

有严重病虫害的蔬菜与腐烂蔬菜一样，绝对不能喂兔。喷洒过农药的蔬菜不能喂兔。若发生中毒可注射阿托品，剂量为 1mL 20 只兔，因其对微循环有双向调节作用，改善微循环，可缓解中毒；对有机磷类农药中毒，可耳静脉注射解磷定；有机氟中毒加注解氟磷进行治疗，剂量分别为 30mg/kg 体重和 10mg/kg 体重。

6. 豆饼有什么营养特点?

豆饼是家兔最常用的优质植物性蛋白饲料，具有蛋白质含量高（一般为43%左右），必需氨基酸组成合理和适口性好等优点。其赖氨酸含量高达2.4%~2.8%，是饼类饲料含量最高的。另外，异亮氨酸含量达2.3%，也高于其他饼类。与玉米等谷物类配伍可起到互补作用。其缺点是蛋氨酸含量低。生豆饼中含有抗胰蛋白酶、脲酶、血凝集素等有害成分，可对家兔造成不利的影响。因此，不可以用生豆饼喂兔。

7. 家兔饲料如何防霉?

防止饲料发霉，可采用以下措施。

（1）每吨饲料添加防霉剂丙酸钠1kg;

（2）每千克饲料添加龙胆紫防霉剂0.5g;

（3）按3%在饲料中加入大蒜片;

（4）每千克饲料中添加苯甲酸钠0.5~1g;

（5）将醋酸钠和醋酸按1∶2混合，再加入1%山梨酸，充分拌匀、干燥，按1%添入饲料中，可保证饲料贮存3个月不变质;

（6）饲料中添加适量的环氧乙烷、苯丙咪唑及硫酸、苍术、艾叶香等;

（7）饲料中添加适量的苍术、艾蒿叶和除虫菊等药粉;

（8）梅雨季节在饲料间墙角放置石灰，用塑料薄膜密封贮存饲料等;

（9）1%丙酸钙添加在湿料或干料中，一般不再发生霉变，而且在3个月内丙酸钙的防霉效果不受外界温度、湿度和通风状况的影响。

8. 棉饼和菜籽饼营养特点是什么?

棉籽带壳提取油脂的饼叫棉籽饼，脱壳后提取油脂得到的饼叫棉仁饼。棉籽饼含粗蛋白22%~28%，粗纤维21%；棉仁饼含粗蛋白34%~44%。氨基酸组成特点是赖氨酸（1.3%~1.6%）不足，精氨酸（3.6%~3.8%）过高，二者比例远远超过了理想值（1∶1.2），其蛋氨酸含量也明显不足（0.4%）。因此，以棉饼配制日粮，要补加赖氨酸和蛋氨酸，最好与之互补性较强的菜籽饼（精氨酸含量低，蛋氨酸含量较高）配合。菜籽饼的蛋白质含量34%~39%，氨基酸组成特点是蛋氨酸（0.7%）和赖氨酸（2%~2.5%）的含量较高，精氨酸的含量较低（2.32%~2.45%），微量元素硒含量在常见植物性饲料中是最高的，可达0.9~1.0mg/kg。所以，日粮中菜籽饼含量较多时，即使不添加硒，也不会发生缺硒症。

9. 各类饲料怎样搭配喂兔最经济？

在生产实践中，为了提高经济效益，降低饲料成本是其重要环节之一。要降低饲料成本，就必须合理地将各种饲料搭配起来使用。而要如何搭配，才能既降低饲料成本，又能满足兔的营养需要，不影响其健康生长呢？在饲料多样化（组成成分）的基础上，应尽量选用价格较低，但营养价值相当的饲料。通常人们将饲料大体分为青饲料、粗饲料和精饲料3种。青饲料来源广；粗饲料价格低廉，粗纤维含量较高；精饲料营养价值高，适口性好，但价格较贵。所以为了节约饲料成本，优先选用青饲料，对兔来讲，其适口性也好，但水分较多，营养浓度低，若全部采食青饲料，不能满足家兔的营养需要，因此必须选用一定的粗饲料和精饲料。最好是将粗饲料和精饲料合理搭配并制成配合饲料。用配合饲料的好处在于它是以家兔的营养需要为依据，符合家兔的营养消化特点，适口性好，家兔喜欢采食。若只采用粗饲料，首先是其营养含量不能满足家兔的营养需要；其次是其适口性差，影响家兔采食量，使家兔生长发育不良，影响繁殖性能等。若只用精料会产生两个问题：一是其价格过于偏高，增加饲料成本；二是精料中粗纤维含量较低，会导致家兔某些消化道疾病，不利于健康生长。在配料过程中，遵循多种原料，各原料所占比例少的原则。在整个配方中最主要的成分还是粗饲料，如干草粉、玉米秆等。综上所述，采用配合饲料加青草的日粮结构是最经济的，以青草为主，配合饲料为辅。针对我国农村养兔集约化程度不高，饲草、劳力资源丰富的实际，根据家兔的生活习性，四川省畜牧兽医研究所对不同类型日粮饲喂肉兔的效果进行了比较试验，结果证明，采用配合饲料搭适量青（粗）饲料的日粮结构喂兔，经济效益最好。

10. 菜籽饼中有哪些有毒成分？怎样脱毒？

菜籽饼中的主要有害成分是硫葡萄糖苷，在菜籽中含量为3%～8%，但它本身没有毒性，而是在发芽、受潮和压碎的情况下，菜籽中的硫葡萄糖苷酶可将其分解为异硫氰酸酯、噁唑烷硫酮、腈等有毒物质。硫葡萄糖苷还可在酸碱的作用下水解，并且比酶解更快。异硫氰酸酯有辛辣味，影响适口性，其对黏膜具有较强的刺激作用，可引起胃炎、肾炎、支气管炎及肺水肿，也可引起甲状腺肿。硫氰酸酯和噁唑烷硫酮也可导致甲状腺肿。腈进入体内析出腈离子，对机体的毒害作用极大，可引起细胞窒息，抑制生长。

菜籽饼脱毒的简易方法有：水浸法和坑埋发酵法。

11. 饲料的贮存方法是什么？

饲料的贮存，可根据具体性质，因时因地采取适当的方法。如温暖季节或南方，对粮食、糠麸、豆饼等容易发霉的饲料，要存放在通风、无鼠的室内，做好防雨、防潮、防尘和清洁卫生工作，以保证饲料的质量。这个季节新采回的青绿饲料，要放在阴凉通风处晾存，4小时内要翻倒一次，以免发霉、变质。尤其当饲料采集多，贮存时间长时，方法更要适当。白菜、萝卜、薯类、瓜类，最好散开存放在阴凉处。豆秧、甜菜叶、青羊草、树叶等，最好在阴凉处通风的架子上摆开存放。有条件的兔场和家庭，尽量用各种方法存放饲料，不仅要做到品种多，而且要做到质量好。如果是冰冻季节或深秋时分，可以采取干贮、冻贮或鲜贮。

（1）干贮。各种干草、树叶、玉米秸、豆叶、豆皮（壳）、蒜瓣、葱叶、大头菜根、甜菜叶子等，按干、青分别存放在通风、干燥、避风雪的棚里，防止霉烂变质。

（2）冻贮。把含水分大、青绿成分多的饲料冻起来。如大萝卜缨子、鲜白菜、大头菜等，去掉泥土，放在背阴的冷房子里或棚里或房后，始终保持冻结，直到来年化冻前饲用完。

（3）鲜贮。马铃薯、甘薯、胡萝卜、青萝卜、白菜、大头菜和瓜类等多汁饲料，保持完整，弃泥土，贮于3m深的方形或圆形窖中，定期或经常检查，除去霉烂部分，随时供给饲用。

12. 抗生素渣为什么不适合作为动物饲料？

抗生素渣是制药厂生产抗生素的残渣，富含蛋白质，残留一些抗生素，一般含蛋白质40%左右。其价格低廉，资源较丰富。以往的试验和生产表明，抗生素渣作为蛋白饲料饲喂动物，效果良好，不仅缓解了蛋白饲料资源的不足，而且还有一定的预防疾病作用。

随着环保意识的增强，保健意识的提高，特别是我国加入世贸组织，国际市场上对于动物源食品的药物残留极其严格。因此，我国农业农村部近年来制定了不同动物的饲养和饲料规范性文件，在动物饲料中，禁止使用抗生素残渣。

13. 粗饲料怎样选？怎样喂才好？

兔用粗饲料主要包括干草和秸秆两大类。其中常见的有干青草、干苕糠、干甘薯藤、豆秸、玉米秆、统糠等。这些粗饲料要怎样选用才好，可以其处理方法和营养价值为标准来选用。就干草来说，可用自然干燥和人工干燥两种方法来完成青草的干制。自然干制是利用阳光或环境温度使饲料脱水，达到干制目的。此法所制干草营养成分损失在20%左右，胡萝卜素损失在70%~80%。其中豆科干草的营养价值最好。人工干制（低温干制和高温干制）的优点是营养素损失少，仅为自然干制损失的1/10~1/3。人工干制中，低温干制是将热源温度控制在几十到500℃之间，经数小时，使饲料中水分降低到14%~17%。总的来说，有机物质的损失程度自然干制大于人工干制，低温干制大于高温干制，所以选用人工高温干制的干草营养价值较好，但若考虑饲料成本，则以自然干制的成本最低；豆科干草较禾本科干草营养价值好，应优先考虑。应注意的是：人工干制的干草维生素损失较大，使用时应考虑饲料中维生素的缺乏，相应添加维生素或专用多维来满足。秸秆类中，小麦草质地粗糙、坚硬、叶带盲刺，有机物消化率低；大麦草质地优于小麦草，春大麦草又比冬大麦草质量好；燕麦草质地软，秆光滑，不带盲刺，是农作物秸秆中最好的；稻草木质素含量低，硅含量高，饲养价值低，因而喂兔效果不好，适口性差，饲料报酬极低。总之，此类饲料质地坚硬，粗纤维中木质素含量高，饲用价值不高。可见，粗饲料中用干草喂兔较秸秆饲料为好。一般干草在配合饲料中可占 20%～30%，而秸秆饲料则不能超过 10%。另外，粗饲料一般宜粉碎以后与精料混合使用（制成颗粒或拌湿）。优质禾本科干草可直接喂兔。粉碎时不宜过细，过细的粉末反而不利于家兔的正常消化和排泄。其细度以便于与其他精料混匀，家兔喜欢采食为度。特别值得注意的是统糠，在农村中用得很广，它是一种质量较差的粗饲料，但很多农户都用它与麸皮等混合来喂兔，然而统糠不适宜喂断奶兔，喂大兔和肥育兔时其用量也不宜超过 15%。

14. 玉米秸、豆秸、花生秧的营养价值各是多少?

玉米秸、豆秸和花生秧是我国养兔最主要的粗饲料。它们的营养价值因为品种、季节、保存时间和保存条件等的不同有很大的差异。

15. 豆类饲料为何生喂不好？怎样喂效果才好?

豆类饲料中的胰蛋白酶抑制因子含量很高，家兔长期生喂大量的豆类饲料，会引起兔胰腺代偿性肿大，以及蛋白质消化不良等，这种危害对生长兔最为明显。豆类饲料经高温处理后饲喂效果好。高温处理可破坏饲料中胰蛋白酶抑制因子的活性，所以，在给家兔饲喂豆类时，一定要煮熟或炒熟。同样，在饲喂家兔豆饼时，宜采用经热榨处理过的豆饼。

16. 普通树叶的营养价值如何?

我国平原和山区农家养兔，可充分利用当地的树叶资源。而种植数量较多的树为刺槐、柳树和白杨。它们因采收的季节不同，营养价值有较大的差异。夏季的树叶蛋白质含量最高，纤维的含量最低。随着采收期的延长，脂肪和纤维增加，蛋白质减少。因此，在以树叶为主要粗饲料喂兔时，应区分采收的季节，以便确定添加的适宜比例。

17. 兔子一天喂多少饲料为宜?

目前，不管是大型养殖场，还是散养的农户对兔子一天应吃多少饲料非常关心，到底喂多少才能满足兔一天的营养需要，又不造成浪费，下面给出一些专家的推荐量以供参考。不同生长阶段的兔子，不同用途的兔子，由于营养需要量不同，饲料的营养成分含量不同，对于兔子的喂量也不相同。初生仔兔从 18~20 日龄开始补饲，饲料应以易消化蛋白、能量饲料为主，加适量的优质干草粉，添加仔兔专用添加剂，补饲饲料最好用细、短的颗粒饲料，若为粉料则加水拌湿，日喂 4~5 次，每只每天喂量由 4~5g 逐渐增加到 10~20g。补饲饲料应持续喂到 35~45 日龄；生长兔从断乳到 10 周龄饲喂饲料的质量和数量基本不变，饲料供应量应为自由采食量的 80%，为充分利用生长兔早期增重快的特点，必须供给营养价值完善的日粮，并任其自由采食；就繁殖母兔来讲，分为配种准备期和怀孕期。准备期母兔不宜过肥，也不宜过瘦，一般应保持 7~8 成膘的适当肥度，因此准备期母兔的营养水平不宜过高或过低。对体况良好的、体重正常的空怀母兔，不必加强营养、增喂精料；种公兔颗粒饲料的日喂量为 140g；泌乳母兔，为保证母兔良好的体况以及充足的泌乳量，自由采食颗粒饲料，每只每日喂量为 150~200g。

18. 常见的果树叶营养价值如何? 喂兔应注意什么?

一般来说，鲜嫩树叶制成的叶粉，营养价值较高，而落叶、枯黄叶的营养价值较差。由于果树以收果为主，因而所使用的果树叶为果实成熟后采集的，即多为青落叶。

果树叶粗蛋白含量一般在 10% 以上，粗纤维比较低，营养价值较高。但是，一些果树叶（如柿树叶）含有较多的单宁，有涩味，不仅影响适口性，而且影响胃肠功能，容易造成便秘和影响其他营养的消化吸收，但对于预防腹泻有一定效果，其用量应适当控制；一些果园为了预防病虫害，在果树上喷洒大量的农药，使之在树叶中残留，如果长期大量饲喂，不仅会造成积累性中毒，还将在兔肉中积累。因此，在采收前应调查清楚。

19. 一般人工牧草的营养价值如何?

人工栽培的牧草具有产量高、营养价值高和适口性好等特点。常见的品种有苜蓿、草木樨、籽粒苋、聚合草、苦荬菜等。人工牧草的营养价值较高，多数牧草既可以鲜喂，又可以干制。特别是豆科牧草，蛋白质含量高，在一般的牧草是很难得的。但是，据资料介绍，一些豆科牧草（如紫花苜蓿和三叶草等）的个别品种，含有类雌激素物质，长期大量饲喂，可使动物体内性激素分泌失调而造成母畜不孕。草木樨含有香豆素，初喂时，一些家兔不爱采食。为了实现营养的互补和提高润养效果，豆科牧草应与其他牧草混合饲喂。

20. 一般天然牧草的营养价值如何?

这类饲料的水分含量高，纤维素高，能量低，蛋白质含量较高，质量好，维生素丰富，矿物质较全面，钙磷多而比例适当，适口性极佳，容易消化。不同品种的天然牧草营养价值有很大差异。

天然牧草青饲对于提高母兔的发情率和配种受胎率有较好效果，还具有提高母兔泌乳力的作用。有些还具有药用价值，如具有催乳作用的蒲公英，止泻、抗球虫作用的马齿苋，抗毒作用的青蒿等。

天然牧草是农村家庭养兔冬春季节的主要粗饲料。在收获后，应尽快晒干保存，防止叶片脱落、受到雨淋和长期风吹日晒。

21. 各阶段家兔如何确定配合饲料比例?

（1）成年兔。成年兔育肥饲料配方：① 前期：玉米 76%、青干草 7%、豆饼 5%、麦麸 10%、食盐 2%。每兔日喂 120~150g，青饲料适量。② 后期：玉米 80%、青干草 10%、麦麸 5%、骨粉 3%、食盐 2%。实行自由采食，每日适当加喂青饲料。

（2）哺乳母兔。豆腐渣 40%，玉米 10%，豆饼 20%，麦麸 17%，米糠 10%，骨粉 2. 5%，盐 0. 5%。

（3）仔兔。豆腐渣 50%，玉米 10%，豆饼 10%，麦麸 16%，米糠 10%，骨粉 2%，盐 1%。

（4）幼兔。豆腐渣 50%，玉米 10%，豆饼 15%，麦麸 10%，米糠 10%，骨粉 2%，盐 1.5%。

（5）种公兔饲料配方。① 配种期：玉米 11%、豆饼 25%、麦麸 20%、草粉 40%、骨粉 2%、食盐 1.5%、生长素 0.5%。日喂量 150~200g，另加维生素 E 一片（分两次拌料饲喂），青料 700~800g。② 非配种期：玉米 15%、豆饼 11%、麦麸 20%、草粉 50%、食盐 1.5%、生长素 0.5%。每兔日喂 100g，另加青料 700~800g。

（6）空怀母兔饲料配方。玉米 15%、豆饼 11%、麦麸 20%、草粉 50%、骨粉 2%、食盐 0.5%、生长素 0.5%。每日喂 80~100g，青料 700~800g。另在配种前 10~15 天，每兔每天加喂维生素 E 一片，分 2 次拌料饲喂，以促进发情。

22. 常见多汁饲料的营养特点如何？喂兔应注意什么？

用来喂兔的多汁饲料主要是指一些植物性饲料的块根和块茎，如胡萝卜、白萝卜、甜菜及甘薯等。它们幼嫩多汁，清脆甘甜，适口性好，具有清火缓泻的作用，维生素含量丰富，是冬春缺青季节家兔的主要维生素补充料。

在这类饲料中，胡萝卜的质量最好。每千克鲜胡萝卜含有胡萝卜素 2.11~2.72mg。长期饲喂胡萝卜，对于提高种兔的繁殖力有良好效果。

由于多汁饲料含水分高，多具寒性。因此，喂量应当控制，成兔以日喂 100~200g 为宜，否则，造成大便变软，甚至腹泻。这类饲料在冬贮时，应防冻、防热、防霉烂。喂前要清洗干净。

23. 家兔吃粮过多有什么危害？

家兔是食草动物，但有些养兔户喜欢给它多喂粮食，认为这样可以增加营养，促进生长。其实，家兔主要采食植物的根、茎、叶，应多用野生牧草喂兔，才符合它的生物学特性。家兔对粗纤维饲料具有快速通过消化道的特点，它利用低质高纤维的粗饲料能力很强，高于牛羊等反刍动物，特别对粗饲料中的蛋白质能充分有效地利用，所以在家兔饲养中应给兔喂一定量的粗饲料，这样可以减少腹泻的发生。家兔的盲肠很发达，长约 50cm，其容积为全部消化道的 50%，是家兔消化粗纤维的主要场所。此外，盲肠和结肠有明显蠕动和逆蠕动，使食糜在盲肠和结肠间来回移动，保证微生物对粗纤维的分解，因此，为了使兔子有饱腹感，必须多喂青饲料及粗饲料，应把含粗纤维多的饲料当成主食，适当搭配精料，这样才有利于家兔的生长。

24. 益生素是什么物质？其有什么作用？

益生素在我国统称为微生态制剂，是根据微生态学原理将生物体正常微生态系中的有益菌经特殊培养而得的菌体或菌体及其代谢产物的制剂，包括植物微生态制剂、动物微生态制剂。

益生素作用主要有以下几点。

(1) 拮抗作用。即有益菌占据致病菌的靶上皮细胞或以菌群优势产生一种对致病菌不利的环境，从而起到防御的作用。大量的实验证明，长期饲喂益生素，几乎完全可以防止畜禽肠道致病微生物的侵入。

(2) 分泌杀菌物质。益生菌所产生的酸、过氧化氢、类抗生素物质对许多致病菌有强烈的杀灭作用。

(3) 防止有毒物质的积累。

(4) 免疫刺激作用，提高动物的抗病能力。益生菌与致病菌有相同或相似的抗原物质，可刺激动物产生对致病菌的免疫能力。

(5) 产生有机酸、蛋白酶、淀粉酶、脂肪酶、植酸酶等，有利于动物的消化吸收，提高饲料利用率。

25. 如何种植中草药喂兔？

为生产无公害兔产品，可根据家兔的食草特性，选择种植一些常用的大青叶（板蓝根）、金银花等中草药。这些中草药种植管理简单，生产性好，除含抗菌促生长物质外，还含蛋白质、矿物质、维生素等，是家兔喜食的药、草兼用型青饲料，大青叶属两年生草本植物，四季常青，夏播和秋播用于冬季喂兔，既解决了家兔青饲料的缺乏，又对繁殖母兔有明显的催情、促乳和增膘作用。将大青叶、板蓝根晒干粉碎，按2%掺入饲料中，能有效地防止兔瘟、巴氏杆菌病的发生；母兔在怀孕和哺乳期经常用金银花藤、叶作饲料，不但可消除母兔本身的隐性疾病，还能使药物通过乳汁的传递，进入仔兔体内，达到预防和治疗仔兔疾病的目的。幼兔在断奶、饲料变换等应激条件下，用金银花藤粉作添加剂，能防止腹泻病和呼吸道病的发生；高温梅雨季节，可用野菊花煎汤加入饲料或饮水中，可防治热应激引起的兔湿热下痢，厌食，中暑等症，经常使用1%野菊花作添加剂，能有效控制兔群传染性鼻炎、结膜炎、乳房炎等病的发生，四季添加效果更好。

26. 常用钙磷饲料有哪些?

常用的含钙矿物质补充饲料有石灰石粉、贝壳粉、蛋壳粉、骨粉等。

(1) 石灰石粉（$CaCO_3$），又称石粉，为天然的碳酸钙，一般含钙35%以上，是补充钙的最廉价、最方便的矿物质饲料。

(2) 贝壳粉，是各种贝类外壳（蚌壳、牡蛎壳、蛤蛎壳等）经加工粉碎而成的粉状或粒状产品，含碳酸钙95%以上，钙含量不低于30%。

(3) 蛋壳粉，由食品加工厂或大型孵化场收集的蛋壳，经干燥（82℃以上）、灭菌、粉碎后而得的产品，是理想的钙源补充料，利用率高。

27. 常用磷补充饲料有哪些?

有磷酸钙类（磷酸二氢钙、磷酸氢钙、磷酸钙）、磷酸钠类（磷酸二氢钠、磷酸氢二钠）、磷矿石、骨粉等。

(1) 骨粉，是同时提供磷和钙的矿物质饲料，是由动物骨骼经热压、脱脂、脱胶后干燥、粉碎制成的。骨粉中含钙30%~35%，含磷13%~15%，还有少量的镁和其他元素。骨粉中氟的含量较高，但因配合饲料中骨粉的用量有限（1%~2%），所以不致因骨粉导致氟中毒。

(2) 磷酸钙盐，能同时提供钙和磷。最常用的是磷酸氢钙（$CaHPO_4 \cdot 2H_2O$），可溶性比其他同类产品好，动物对其中的钙和磷的吸收利用率也高。磷酸氢钙含钙20%~23%，含磷16%~18%。

28. 用青绿饲料喂兔应注意什么?

（1）尽力保持青绿饲料的清洁，不可混入泥土。

（2）将豆科与禾本科搭配饲喂，起到营养互补作用。

（3）霉烂饲料一律不喂，防止中毒及引起肠胃炎。

（4）喂青绿饲料应选嫩的喂兔，老的适口性差，养分低。

（5）青绿饲料虽适口性好，但水分含量高，体积大，兔食后易饱易饿，一方面应多次添加，另一方面最好适当搭配些精料。

（6）喂青绿饲料，特别注意不可喂带毒的野草、野菜。

29. 大蒜和大蒜素有什么功能?

大蒜具有健胃和杀菌作用。每千克鲜蒜中含 78.5g 粗蛋白，3.1g 粗脂肪，230g 糖，440mg 磷，4mg 维生素 B_{12}，3.8g 大蒜素。此外，还含有钙、镁、铁、锗等多种矿物质。特别是独特的大蒜素为天然的抗菌物质，可抑制痢疾杆菌、伤寒杆菌、霍乱弧菌的生长繁殖。大蒜应用广泛，在多种畜禽和水产养殖业中都可使用。农村养兔日常添加大蒜对于预防普通疾病有良好效果，一般鲜大蒜用量 1%~5%，大蒜渣或干粉用量为 0.2%~1%。

30. 小麦麸的营养价值如何? 喂兔应注意什么?

小麦麸含有的粗蛋白和粗纤维均较高，有效能相对较低，含有较多的 B 族维生素，如维生素 B_1、维生素 B_2、烟酸和胆碱等，矿物质较丰富，但磷多钙少，而且磷多属于植酸磷。

麦麸的质地疏松，容积较大，可调节日粮营养浓度，改善饲料的物理性状。麸皮中含有镁盐，具有轻泻和通便作用，可调节消化道机能，防止便秘。母兔产仔后饲喂麸皮汤（以开水冲麸皮，加入少量的食盐），可防止母兔消化机能失调。但是，麦麸的吸水性较强，如果饲料中添加过多而饮水不足，可引起便秘。一般日粮中麸皮用量控制在 15%~30%。

31. 家兔为什么要补喂食盐？补多少合适？

食盐含有氯和钠两种元素，它们广泛分布于家兔的所有软组织、体液和乳汁中，对调节体液的酸碱平衡、保持细胞和血液间渗透压的平衡起到重要作用。此外，还有刺激唾液分泌和促进消化酶活性的功能。所以，食盐既是调味品，又是营养品。它可改善饲料的适口性，增进食欲，帮助消化，提高饲料利用率。当缺乏时，会造成食欲降低，被毛粗乱，生长缓慢，出现异食癖。严重缺乏会产生被毛脱落，肌肉神经紊乱，心脏功能失常等症状。

家兔以植物性饲料为主，一般的植物性饲料中富含钾而缺少钠。在家兔饲料中补充食盐是极其重要的。一般在饲料中添加 0.5%的食盐即可满足需要。添加过多会造成食盐中毒。

第九章　家兔的饲养管理

第一节　家兔的饲养管理技术要点

1. 家兔饲喂时间如何安排好？

因家兔具有昼伏夜行的习性，应合理安排家兔的饲养管理程序。家兔采食的次数多且每次采食的时间短，具有多餐习性。一般要求每天饲喂2~4次。“重视早晚，兼顾中间”。对于一般家兔，只要夜间喂足即可，而对于泌乳母兔和生长期的仔兔，白天适当增加饲喂次数。同时，在夜间更应注意供给其充足的饲料和饮水。

2. 怎样饲喂不同种类饲料？

根据不同饲料原料的特点进行适当加工调制，以改善饲料的适口性，提高利用率，减少浪费。

（1）籽实类、油饼类饲料和干草，应经过粉碎并与其他饲料搭配；

（2）粉料应加水拌湿，最好加工成颗粒；

（3）青草和蔬菜类饲料应先剔除有毒、带刺植物，清洗晾干再喂；

（4）块根块茎类饲料，应洗净、切碎，与精料混合饲喂；

（5）冰冻饲料一定要解冻或煮熟后方可饲喂；

（6）粗饲料（干草、秸秆、树叶等）应先清除尘土和霉变部分，最好粉碎成干草粉制成颗粒饲料饲喂。

3. 哪些饲料不能喂家兔?

(1) 不能喂带露水的草;

(2) 不能喂腐烂变质的饲料和饲草;

(3) 不能喂带泥土的草料;

(4) 不能喂被粪便污染的草料;

(5) 不能喂有异味和有毒的饲料;

(6) 不能喂带有农药的草料;

(7) 不能喂冰冻的饲料;

(8) 不能马上喂水洗后和雨后的草料。

对含水量高的饲草晒蔫后饲喂;对雨水草、露水草、霜雪草晾晒后饲喂,否则,引起下痢。

4. 哪些饲草不宜长期饲喂家兔?

豆科牧草(如紫云英)、三叶草等不能大量饲喂,否则引进拉稀;含水量和草酸含量高的青绿饲料,如牛皮菜、菠菜、青菜、莲花白等不宜大量长期饲喂,否则,易引起拉稀和缺钙,尤其是哺乳母兔、妊娠兔和幼兔更应注意。

5. 自由采食好还是定时定量好?

后备种兔、空怀母兔、种公兔非配种期、母兔的妊娠前期,特别是膘情较好的母兔等,营养的供应量应适当控制,最好采取定时定量的饲喂方式;对于生长兔、妊娠后期的母兔,特别是泌乳期的母兔,营养需要量大,供料不足,就会影响生产性能,最好采取自由采食的方式。

6. 改变饲料怎样过渡?

家兔的不同生理阶段和不同季节变换饲料、饲草的种类和日粮结构时,要逐渐过渡,有7~10天的过渡时期。现有的饲草料由少至多逐渐取代原来的饲草料,使家兔逐渐适应,以保证正常的食欲、消化机能和饲喂效果。

7. 家兔喝水多了就拉稀吗?

水是家兔维持生命绝对不可缺少的重要来源。家兔体内损失5%的水，就会出现严重的干渴现象，食欲丧失，消化能力减弱，抗病力下降。损失10%的水时，就会引起严重的代谢紊乱，生理过程遭到破坏。当家兔体内损失20%的水时，即可引起死亡。家兔具有根据自身需要调节饮水量的能力，因此，任何季节都应保证家兔自由饮水。有些养殖户对于水的重要性往往认识不足，甚至错误地认为："兔子喝水多了易拉稀"。其实，正常饮用合格质量的水不会引起任何疾病，腹泻与饮水没有必然联系。供水时应保证水的卫生，符合饮用水标准和保持适宜的温度。

8. 为什么公、母兔要及时分笼饲养?

(1) 同窝兔成年后应分笼饲养。成年意味着家兔已经有繁殖后代的能力，如果不分笼，很有可能发生近亲交配行为。

(2) 怀孕中的母兔必须单独饲养。当发现母兔怀孕后，一定要和公兔分笼饲养，避免重复连续受孕。

(3) 出现过打斗行为的家兔分笼饲养。如果一群兔中出现了相互咬毛、打斗之类的情况要尽快分笼，这种情况通常出现在成年的同性家兔之间。

(4) 个体差太多的家兔分笼饲养。体型差异意味着体力的差距，加之成年的公兔地盘意识很强，混在一起的话家兔难免会被欺负，所以个头差太多的家兔建议分笼饲养。

9. 种公兔为什么要单笼饲养?

幼兔喜欢群居，但是随着月龄的增大，群居性越来越差。尤其是性成熟后的公兔，在群养条件下经常发生咬斗现象。在配种期间，只要两只公兔见面，似乎有不共戴天之仇，便激烈战斗，咬得遍体鳞伤，直至分出胜负。根据这些习性，性成熟后的种公兔应单笼饲养，既防止争斗，又可避免早配滥配。

10. 种母兔是否可混养？

可以。母兔性情温顺，群养条件下很少发生激烈的咬斗现象或初期轻微的咬斗，但很快平静下来。为了提高笼具的利用率，可将空怀期、妊娠前期母兔两个或多个养在一笼。在妊娠后期和泌乳期分开，以免相互干扰而产生不良后果。

11. 兔场饲养狗、猫等动物好吗？

不好。有的兔场出于安全和爱好而在兔场养狗、养猫，这样做弊多利少。

（1）家兔胆小怕惊。当突然听到狗、猫的叫声，会使家兔受到惊吓而发生“惊场”现象。有可能产生以下严重后果：妊娠母兔发生流产、早产；分娩母兔停产、难产、死产；哺乳母兔拒绝哺喂仔兔，泌乳量急剧下降，甚至将仔兔咬死、踏死或吃掉；幼兔出现消化不良、腹泻、胀肚，并影响生长发育，也容易诱发其他疾病。

（2）无论是狗还是猫，都可对兔子造成伤害。尤其是经常拴系的狗，一旦挣脱绳索，会拼命伤害兔群。

（3）传染疾病。狗猫与兔子之间有共患传染病。兔子是狗绦虫的中间宿主，当狗的绦虫虫卵污染饲料和饮水后，进入家兔消化道，会发生豆状囊尾蚴。这是一种慢性寄生虫病，严重者会造成死亡。

基于以上几点，建议兔场不要饲养狗和猫等动物。

12. 出生仔兔对温度有何要求？

与成年兔相反，初生仔兔对温度的要求较高，惧怕寒冷。因为仔兔出生时裸体无毛，体温调节机能不健全，没有御寒能力。此时需要33~35℃的温度，一周后可降低到30℃以下。因此，保温是提高仔兔成活率的关键。

13. 仔兔哺乳有何特点？

捕捉乳头并吮乳是仔兔的本能。仔兔生下后便会主动寻找乳头。但仔兔与仔猪不同，它们并不固定奶头。因此，往往是强壮的仔兔首先抢占多乳的乳房，吃完一个乳房后，立即寻找其他乳头或从别的仔兔那里抢回乳头。乳头不固定性的优点是充分发挥母兔所有乳房的分泌功能，使仔兔最大限度地获得乳汁，当母兔产仔较少的情况下（产仔数少于8只）避免了个别乳房的闲置和乳房炎的发生；其缺点是仔兔发育有时不均匀，出现强弱差异较大。

14. 母兔喂奶有何规律？

母兔乳腺分泌有昼夜规律，因而哺乳有定时性的特点。一般来说，母兔给仔兔喂奶选择最安静的时候——日出前，与多数母兔分娩时间相一致。在仔兔的睡眠期（12天前），授乳是一种主动行为，即乳腺分泌大量的乳汁，使乳房充盈膨胀发痒，母兔主动寻找仔兔吃奶。因此，从某种意义上讲，母兔给仔兔喂奶是一种"双赢"行为。但是，如果人为干预母兔的喂奶，比如：采取母仔分离法，喂奶时间变化无常，母兔的泌乳规律被打破，降低泌乳量或诱发乳房炎。在生产实践中，有人采取母仔分养，人工辅助喂奶，即将母兔按压在产箱里让仔兔吃奶，结果将母兔授乳的主动性变成被动性，母兔受到严重的应激，极大地影响了母兔的泌乳量，也将造成母兔母性的降低。因此，除了特殊情况外，这种做法是不可取的。

15. 母兔的产箱为什么要短于母兔的体长？

母兔的体长一般50多厘米，而产箱总要小于母兔体长。产箱的大小与母兔喂奶姿势的特殊性有关。母兔给仔兔喂奶，四肢下伏，弓背收腹，使腹壁与仔兔保持一定距离，让仔兔翘头可捕捉到乳头。当母兔给仔兔喂奶时，始终保持这种姿势，直至仔兔吃奶结束，大约持续5分钟。母兔保持这种姿势的意义在于：由于仔兔的躲避能力极差，避免压死压伤仔兔；此外，哺乳时，母兔保持高度警惕，一旦发现异常，便于迅速逃避。因而，也极易发生仔兔在吃奶期间的"吊奶"现象（母兔突然跳出产箱将仔兔带出）。由于母兔喂奶的特殊姿势，使母兔整个身躯的长度短于母兔的体长。因此，产箱的长度应小于母兔体长，为体长的70%~80%，否则，产箱过长过大，不便于仔兔集中，还占据大量的笼内面积，减少母兔的活动空间，对母兔健康不利。

16. 商品獭兔不是冬季可否取皮?

可以。獭兔最佳取皮时间是冬末春初期间（即11月至翌年3月），此时兔皮绒毛丰厚，毛面平整，光泽度好，板质厚实。獭兔不同月龄被毛密度和皮板厚度不同，不同季节也有一定差异。随着月龄的增加，被毛密度和皮板厚度在不断增加。但是，被毛密度在5月龄达到高峰，也就是说，毛囊的分化在5月龄时基本结束，皮板也基本成熟。不同季节虽然有一定差异，但差异不大。冬季的皮张厚度大些，夏季的皮张较薄，但是，差异不显著。

17. 成年兔什么时间淘汰好?

公母兔的使用年限一般为3~4年，如果体质健壮，使用合理，配种利用年限可适当延长。但过于衰老，其受胎率、产仔数和成活率均差，所产仔兔品质也差，要适时淘汰和更新兔群。一般每年淘汰1/3，做到3年一轮换，让适龄种兔在兔群中占绝对优势。对于不合格的种公兔，可随时淘汰。

18. 造成獭兔皮张差异的主要因素有哪些?

（1）品种因素。品种因素是决定毛皮品质的关键。如果种獭兔品种不纯、品种退化或体形变小，就会直接影响毛皮色泽，失去原有的色型特征，出现毛色混杂、绒毛稀疏、密度降低、平整度差、皮张面积小等现象，使家兔毛皮质量达不到规定要求。一般来说，美系獭兔的被毛密度较低，毛较短，皮较薄；德系家兔的被毛密度大，毛纤维较长；法系獭兔居中。

（2）营养因素。营养与饲料对毛皮品质影响很大。若长期营养水平较低，会引起獭兔生长发育受阻、个体变小、皮张面积不符合等级。在营养因素中，日粮中能量和蛋白质是影响毛皮动物生长发育和毛皮品质的主要因素。此外，维生素和微量元素的缺乏，常会导致被毛褪色、脆弱，甚至脱毛。

（3）年龄因素。取皮时，獭兔的年龄对毛皮品质影响很大。一般来讲，成年兔皮的质量比幼龄兔皮的要好。5~6月龄的壮龄兔，体重长到 2.5~3kg，绒毛浓密，色泽光润，板质厚薄适中，兔皮成熟，取下的皮可达到一级皮面积标准，皮张质量最佳；少于 5 月龄的幼龄兔，因绒毛不够丰满，胎毛脱换未尽，板质轻薄，兔皮不成熟，商品价值不高；超过 6 月龄的老龄兔，皮因绒毛干枯、毛纤维拉力差、色泽暗淡、板质厚硬粗糙，商品价值很低。

（4）季节因素。在不同的季节里，兔皮质量有较大差异。取皮季节对青年兔影响不大，但对成年兔和老龄兔则以冬皮品质最佳。取皮季节最好选在冬末春初，即 11 月到次年 3 月，此时兔皮绒毛丰厚，光泽度好，板质优良。因为冬季气候寒冷，兔皮毛长绒厚，毛面整齐，色泽光润，板质厚实；春季正值成年兔和老龄兔换毛时节，兔皮毛长而稀，底绒空疏，毛面不整。

（5）地区因素。习惯上将产于长江以南的皮张称作南皮，将长城以北生产的皮张称作北皮，在南北之间地带生产的皮张称作中皮。一般来说，北皮最优，中皮次之，南皮最差，但这不是绝对的。

（6）疾病因素。疾病的发生不仅对獭兔健康和生长发育不利，还会影响毛皮的品质。有些疾病甚至会直接造成皮肤、被毛损伤而降低毛皮质量，如疥癣病、兔虱、螨虫、皮肤霉菌病、皮下脓肿等，会使獭兔毛皮不平或皮层溃烂成洞，斑痕累累；病瘦獭兔的皮质较薄弱而枯燥，皮板粗糙、松软、韧性差，皮毛焦躁，缺乏光泽，失去了制裘皮价值。

（7）加工和保管因素。按照正确的取皮、加工和保管方法，确保皮张的完整、平整。防止陈旧皮、烟熏皮、霉烂皮和闷皮的发生。

19. 春季怎样养好家兔？

（1）抓好春繁。家兔在春季的繁殖能力最强，公兔精液品质好，性欲旺盛，母兔的发情明显，发情周期缩短，排卵数多，受胎率高，应抓住这一有利时机争取早配多繁。

（2）保障饲料供应。以全价配合饲料喂兔的养殖户，也需饲喂适量的青绿饲料。对于参加配种和哺乳期的母兔还需蛋白质饲料，如每只母兔投喂熟制的黄豆 20~40 粒。

（3）预防疾病。春季各种病原微生物活动猖獗，是家兔多种传染病的多发季节，防疫工作应放在首位，如注射疫苗，加强消毒。

20. 夏季兔舍怎样防暑降温？

（1）舍前栽植。在兔舍的前面和西面一定距离栽种高大的树木和葡萄、爬山虎等藤蔓植物，以遮挡阳光，减少兔舍的直接受热。

（2）墙面刷白。不同颜色对光的吸收率和反射率不同。黑色吸光率最高，而白色反光率很强，可将兔舍的顶部及南面、西面墙面等受到阳光直射的地方刷成白色，减少兔舍的受热度，增强光反射。

（3）加强通风。打开门窗，安装电扇等，加强兔舍的空气流动，可减少高温对兔的应激程度。有条件的兔场，采取增加湿帘和强制通风相结合，效果更好。

（4）兔舍地面洒水。

21. 夏季家兔饲养管理做哪些调整？

（1）降低饲养密度。每平方米底板面积饲养12～14只商品兔，泌乳母兔要和仔兔分开饲养，定时哺乳。

（2）合理喂料。采取“早餐好，午餐少，晚餐饱，夜加草”，把一天饲料的80%安排在早晨和晚上。

（3）满足饮水。在保证饮水的基础上，为了提高防暑效果，可在水中加入1%～1.5%的食盐；为了预防消化道疾病，可在饮水中添加一定的抗菌药物（如环丙沙星、痢特灵等）。

（4）搞好卫生。笼底板应保持干净，如果发现个别兔子发生了肠炎，污染了底板，应及时清理和消毒。

（5）预防球虫病。可采取综合措施预防该病。比如，哺乳期采取母仔分离，减少感染机会；断乳后及时投喂药物，如氯苯胍、敌菌净、球虫宁、球净等；搞好卫生，对粪便实行集中发酵处理等。

（6）控制繁殖。

22. 种公兔秋季饲养管理有何要点？

秋季气温适宜，饲料充足，是家兔繁殖和生长的第二个黄金季节。但是，秋季又存在一些不利因素。在饲养管理工作中应重点抓好以下几点。

（1）抓好秋繁。入秋后应加强种兔的饲养管理，搞好繁殖工作，力争让更多的母兔能够达成交配。对于较长时间没有配种的种公兔，应采取复配或双重配。

（2）预防疾病。由于秋季的气候变化无常，昼夜温差较大，容易导致家兔暴发呼吸道疾病，特别是巴氏杆菌病对兔群造成较大的威胁。应有针对性地注射有关疫苗、投喂药物和进行消毒。

（3）科学饲养。提倡以全价配合饲料为主来饲养家兔，每只用量为100～150g。

23. 冬季兔舍怎样保温？

保温是家兔冬季管理的中心任务。家兔生活、养殖的适宜温度为10～25℃，当温度低于5℃时，仔兔就容易被冻死。因而，冬季兔舍温度应控制在10℃以上，且要保持舍内温度相对稳定，切忌忽冷忽热，以免引起家兔感冒。

冬季兔舍保温方法很多，可因地制宜。比如，关门窗、挂草帘、堵缝洞；扣塑料大棚、安装暖气、生煤火；在高寒地区，可挖地下室，山区可利用山洞等。但需要注意的是，采用生煤火保温方式的，应保持室内空气新鲜，防止煤气中毒。

24. 怎样解决冬季兔舍气味不良问题？

冬季家兔的主要疾病是呼吸道疾病，占发病总数的60%以上，而且相当严重。由于冬季兔舍通风换气不足，污浊气体浓度过高，有毒有害气体对家兔黏膜的刺激而发生炎症。因此，冬季应解决好通风换气和保温的矛盾，在晴朗的中午应打开一定的门或窗，排出浊气。

25. 种公兔体重是否越大越好？

这种观点是错误的。种公兔的种用价值注重的是能否将其优良的品质遗传给后代。一般来说，种公兔的体重应适当控制，体形不可过大，原因如下。

（1）体形过大，发生脚皮炎的几率增大。种公兔一旦患脚皮炎，其配种能力大大降低，有的甚至失去种用价值。

（2）体形过大将会导致性情懒惰，爱静不爱动，反应迟钝，配种能力下降，配种占用时间长，迟迟不能交配成功。

（3）体形越大，消耗的营养越多，经济上也不合算。

第二节 家兔不同阶段的饲养管理

1. 家兔各生长发育阶段怎么划分？

（1）仔兔，出生至断奶，可分睡眠期（出生至睁眼，一般 10～12 天）和开眼期（开眼至断奶）。

（2）幼兔，断奶至 3 月龄，生长发育最快。

（3）后备兔，也称青年兔，育成兔。3 月龄至初配，新陈代谢旺盛，生长发育迅速，尤其是骨骼的生长。

（4）成年兔，中型品种 5 月龄，大型品种 6 月龄，巨型品种 7 月龄以上。生长发育定型，性能最旺盛。3 岁以后进入衰老期，体质下降，生产力降低，性机能减退。

2. 出生仔兔有何生理特点？

出生后的仔兔脱离了母体的保护，生存环境发生了急剧变化，新生仔兔生长发育快，机体发育尚未完善，对外界的抗病力和适应性很差。

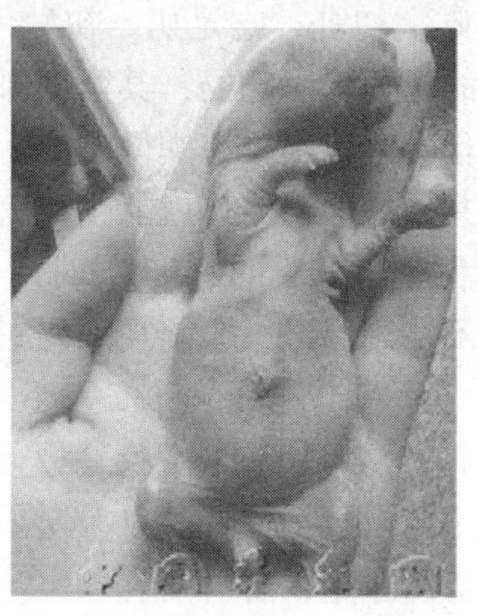

新生仔兔

3. 为什么强调仔兔吃初乳？

初乳是指母兔产后3日内的乳汁。与常乳相比，初乳中的营养更丰富，其水分含量少，较黏稠，蛋白质含量高，富含磷脂、酶、维生素和矿物质，特别是含有较多的镁盐，具有轻泻的作用，有助于仔兔排泄胎粪。初乳中还有高浓度的母源抗体，能增强仔兔免疫力。实践证明，凡是早吃初乳的仔兔，生长发育速度就快，体质健壮，死亡率低；反之，生长速度慢，死亡率高。所以要强调初生仔兔5~7小时内吃饱初乳。

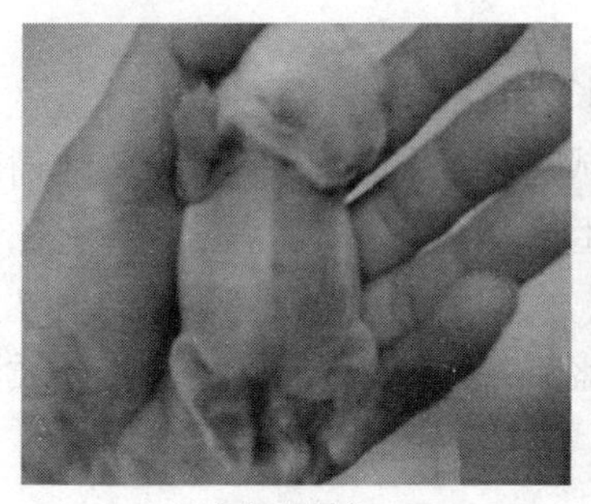
吃饱的仔兔

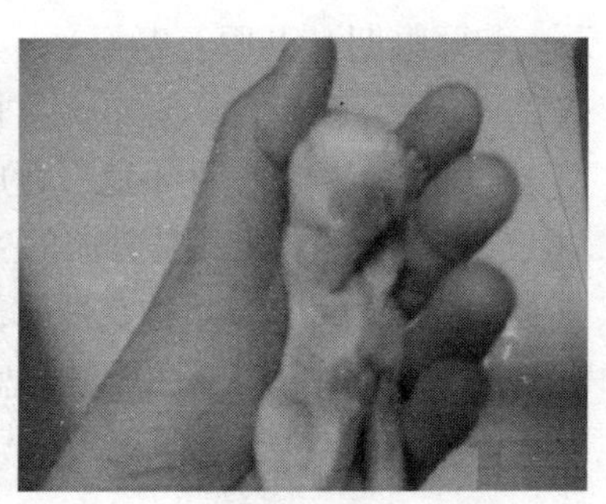
空腹仔兔

4. 睡眠期仔兔怎样饲养管理？

（1）让仔兔尽早吃上初乳，吃足奶。初生仔兔要在5~7小时内吃饱初乳。这个时期的仔兔除了吃奶，其余全部时间都是睡眠。吃下的乳汁绝大部分被消化吸收，很少有粪便排出。因此，睡眠期仔兔只要吃饱奶、睡好觉，并做好保温工作就能正常发育。

（2）保暖防冻。仔兔出生后的3~5天时周身无毛，又无体温调节能力，寒冷季节如不注重保温，会出现冻死冻伤。因此要做好保温防冻工作。

（3）防止鼠害。出生4~5天的仔兔易遭鼠害，舍内注意灭鼠，兔窝、兔笼封严，防止老鼠侵入。如无法堵笼，可将巢箱统一编号，晚间集中防护，白天送回原笼，定时哺乳。

（4）经常更换垫草，保持产箱干燥卫生。产箱垫草过于潮湿，会严重影响到仔兔睡眠和生长发育，应不定期更换。

（5）保持产房安静。嘈杂惊扰，易使母兔拒绝哺乳并频繁进出产仔箱，踩伤仔兔或将仔兔带出产仔箱外。

（6）预防仔兔黄尿病。1 周龄以内的仔兔易发生黄尿病，主要是仔兔吃了患有乳房炎的乳汁，引起急性肠炎，粪便腥臭、发黄。病兔昏睡，全身发软，肛门及后躯周围被毛受到污染。一般黄尿病全窝仔兔发生，死亡率高。

（7）防止仔兔吊乳离槽。母兔奶少，仔兔吃不饱，吮住母兔乳头不放，随着母兔离开产箱，或在哺乳时环境不安，母兔受惊将仔兔带出产箱。发现仔兔吊乳离槽时，要立即送回产箱，否则容易冻死。

（8）每天进行细致的检查。主要检查吃奶、生长发育和产仔箱内垫草情况，发现仔兔死亡应及时取出。

5. 开眼期仔兔怎样饲养管理?

（1）检查开眼情况。仔兔开眼不需要人工掰眼。如果到 14 天还没开眼，可人工辅助其睁眼，用清水或生理盐水清洗软化，清除干痂，辅助其开眼。不能用手直接强行拨开，否则会造成眼睛失明。

（2）适时补饲。仔兔开眼后，精神振奋，会在巢箱内往返蹦跳，数日后跳出巢箱，叫做出巢。随着日龄的增加，仔兔快速发育，而母乳的分泌量在产后 21 日龄达到高峰后则逐渐下降，不能满足仔兔的生长需要，仔兔需要从饲料中获取营养。因此，在生产上利用仔兔 16~21 日龄能够开口采食固体饲料的特性，及时给仔兔补料。这个时期的仔兔要经历一个从吃奶转变到吃饲料的变化过程。由于仔兔胃的发育不完全，如果转变太突然，常常造成死亡。所以，仔兔要过好开食关，应遵循“少喂勤添，逐渐过渡 ”的原则。

（3）加强管理，预防球虫病。在夏秋季节，20 日龄以后的仔兔最容易发生肠型球虫病，且大多为急性过程。如不提前预防，仔兔会大批死亡。除药物预防外，还要严格管理。如母仔分养，定时哺乳，及时清粪，防止食槽被粪尿污染，兔舍、兔笼、食槽、水槽定期消毒。

（4）适时断奶。仔兔断奶日龄应根据品种、季节、生产方向、仔兔体质强弱等因素综合考虑。一般肉兔在28~35日龄，种用兔断奶时间适当延长，一般在35~42日龄。

（5）适法断奶。仔兔断奶可分为一次性断奶法和分期分批逐步断奶法。

一次性断奶法：若全窝仔兔都健康且生长发育整齐、均匀，可采取一次性断奶法。

分期分批逐步断奶法：在大多数情况下，一窝仔兔生长发育不均，体重大小不一，宜采取分期分批逐步断奶法，即先将体格健壮、体重较大、不留种用的仔兔断奶，让弱小或留种的仔兔继续哺乳数日，再全部断奶。

为减少仔兔发生“应激综合征”，断奶时最好实行“原窝断奶法”，做到饲料、环境、管理三不变，移走母兔，让断奶仔兔留在原笼内，饲养数日再转入幼兔舍，以减少环境变化和断奶同时进行产生的强烈应激。

6. 怎样做好仔兔的寄养工作?

将产仔数较多的母兔的部分仔兔让产仔数较少的母兔代养称作寄养。寄养前应认真选择保姆兔。其条件是：产期接近，产仔数少，性情温顺，泌乳力强，健康无病。为了提高寄养仔兔的成功率，应让所寄养的仔兔与这窝小兔混在一起一定时间（一般不少于半小时），使它们的气味相互影响和渗透，直至母兔分辨不出来。为防止代养母兔感到异样气味，而挤咬寄养仔兔，可在寄养仔兔身上涂擦代养母兔乳汁或尿液，也可在母兔鼻端涂清凉油或大蒜汁，以混淆其嗅觉。要注意观察，如保姆兔无咬仔或弃仔行为发生则寄养成功，否则要查找原因，及早解决。

7. 仔兔断奶的体重标准是多少?

仔兔体重达到500~700g即可断奶。留种仔兔的体重应在700g以上。

8. 影响幼兔成活率的因素有哪些？

（1）断奶仔兔体况差，营养不良。幼兔独立生活能力不强，抗病力弱。一旦其他措施跟不上，就容易感染疾病而死亡。

（2）对外界环境适应能力差。断奶幼兔对生活环境、饲料的突变极为敏感，在断奶 1 周后常常感到孤独，表现为不安、食欲不振、生长停滞、消化器官易发生应激性反应，引发肠胃炎而死亡。

（3）日粮配合不合理。有的养兔户和兔场为了追求幼兔快速生长，盲目地使用高蛋白、高能量、低纤维饲料；有的日粮虽经简单配合，但营养指标往往达不到幼兔生长要求，使幼兔营养不良，体弱多病。

（4）饲喂不当。有的养兔户和兔场在饲喂兔时没有严格的饲喂程序，不定时、不定量，使幼兔饥饱不均匀、贪食过多，诱发肠胃炎。

（5）预防及管理措施不利，引发球虫病。球虫病是危害幼兔最严重的疾病之一，死亡率可达 70%以上，一旦发病，治疗效果不理想。

9. 幼兔怎样饲养？

幼兔阶段的突出特点是幼兔从吃奶转为吃料，不依赖母兔而完全独立生活。

（1）合理搭配，营养全面。断奶后第 1 周，日粮中配合精料（仔兔补充饲料）所占比例不应低于 80%，用少量青绿饲料；随着幼兔日龄的增长，可逐步改喂幼兔料，其中蛋白质水平应保持在 17%左右。如采用“全价兔料”喂兔，其粗纤维的含量不宜低于 14%；采用“精料+青料”的日粮喂兔，其配合精料中粗纤维水平应维持在 12%左右。

（2）添加药物，预防疾病。幼兔阶段容易发生大肠杆菌病、巴氏杆菌病、球虫病等疾病，死亡率高，往往来不及治疗。所以要在饲料中预防性地添加药物，如防治球虫和大肠杆菌性肠炎，可以日粮中加适量的磺胺类药物，或者添加适量大蒜、大葱等。

另外，也可以考虑在幼兔饲料中添加一些有机酸，如乳酸、富马酸、丙酸、柠檬酸、甲酸等混合物，特别是断奶后两周内添加，可以起到很好的作用：能弥补胃酸分泌不足，有利于肠道正常菌系的建立，减少下痢；活化胃蛋白酶原，并能与矿物质结合形成络合物，增加 Ca、P 的吸收。

（3）少喂勤添，定时定量。幼兔常有贪食、不知饥饱的现象，常因贪食引起消化不良，发生腹泻和肚胀。因此，饲喂幼兔，要做到少量多餐，定时定量，以吃八成饱为宜，不要突然更换饲料品种和大幅度增加饲喂量。另外，根据生长发育水平，每 10～20 天调整日粮水平。

10. 幼兔怎样管理？

（1）合理分群，精心喂养。按性别、月龄大小、用途、身体强弱等分开管理，一般每笼养 3～4 只，不宜过多，否则会影响采食、饮水及生长发育。

（2）环境卫生。要保持幼兔生活环境干燥卫生，经常清扫，定期消毒。

（3）细致观察，发现异常及早治疗。在每天喂料前，对全群幼兔进行普查一遍，主要观察采食、粪便和精神状态等情况。在普查结束后，对个别怀疑有病的个体进行重点检查，确定病因，及时隔离，制定严密的治疗方案。

11. 后备兔怎样饲养？

后备兔新陈代谢旺盛，采食量大，生长发育快，尤其以骨骼和肌肉为甚，抗病力强，一般很少患病，相对比较好养。饲料以粗饲料为主，精料为辅，增加优质青绿多汁饲料和干青草的饲喂量，这样既可以降低成本，又能保证生长发育的营养需要。一般在 3～4 月龄应充分利用其生长优势，多喂精料，满足蛋白质、矿物质和维生素等营养的供应，尤其是维生素 A、维生素 D、维生素 E，以形成健壮的体质；到 4 月龄以后肉兔脂肪囤积能力增强，要适当控制精料的饲喂量，增加优质青饲料和干草的喂量，维持在八分膘情即可，防止家兔过肥，以免影响繁殖性能。

12. 后备兔怎样管理?

后备兔的管理重点是及时做好公、母分群饲养。家兔3月龄后已逐渐性成熟，为防止早配、乱配和打架斗殴，要及时进行公、母兔分开饲养，最好是一兔一笼。同时，要及时选种，将生长发育好、健康无病、符合种用要求的留着种用，单笼饲养，编号登记；对不适合留种的做商品兔育肥，育肥公兔要及时阉割，育肥兔要限制运动，减少光照，加强能量饲料，育肥完成后及时出售；长毛兔和家兔则要单笼饲养，防止粪尿污染皮毛，同时应适时取皮剪毛，保证商品质量。此外，严格执行免疫程序，注意防寒保暖和防暑降温，保持环境干燥和清洁卫生。

13. 空怀母兔怎样饲养?

空怀母兔饲养目标主要是恢复母兔体质，为下一次配种、妊娠作准备，补充各种营养物质，使母兔的体况保持中等偏上，防止饲喂过肥。空怀期母兔的饲料应保证蛋白质、维生素和矿物质的均衡供给，饲养上以优质青绿饲料为主，适当补充精料。空怀期母兔一般采用限制饲喂的方法。青绿饲料每日500g以上，任其自由采食，精料根据膘情添加，补充量为50~100g。在此基础上，针对母兔个体情况酌情增减饲料喂量，过肥时适当减少喂量，过瘦适当增加喂量，以使其尽快恢复种用体况。

14. 空怀母兔怎样管理?

（1）为了提高笼具的利用率，母兔在空怀期可实行群养或2~3只母兔在一个笼子内饲养。

（2）检查膘情，注意观察发情，做到适时配种。

（3）保持兔舍干燥、通风、清洁卫生，增加光照强度和时间。

（4）母兔在妊娠期和泌乳期尽量不注射疫苗和投喂药物，而将免疫放在空怀期。

（5）及时防治疾病。如果空怀母兔调整饲喂量后体况仍不能及时恢复，也不能正常发情配种，则很可能是疾病造成的，应及时治疗。

15. 妊娠期母兔怎样饲养?

妊娠期母兔的饲养要点是加强母兔的营养，尤其是妊娠后期，更要有充足的营养物质保证母体的健康和胎儿的发育。根据母兔的生理特点和胚胎发育的规律，饲喂量上要做到“前低后高”。妊娠前期（前3周）胎儿处在发育阶段，对营养物质要求不高，一般按空怀母兔的营养水平供给即可。妊娠后期（妊娠21天到分娩）胎儿处于快速生长发育阶段，增重加快，喂料量应逐渐增加到空怀母兔的1.5倍，或达到自由采食，同时要特别注意蛋白质、矿物质饲料的供给。临产前1~2天要多喂优质鲜嫩的青绿饲料，减少精料的喂量，并注意饮水，每天喂2~3次，以防便秘或发生乳房炎。

16. 妊娠期母兔怎样管理?

妊娠期母兔管理的主要任务是做好母兔的保胎、接产工作。

（1）加强护理，防止流产。确认母兔怀孕后，摸胎、捕捉母兔时动作要轻柔，避免随意捕捉母兔，造成机械性损伤引起流产；保持兔舍及周围环境安静，防止突然惊扰以致母兔惊恐不安，在笼内跑跳，容易引起流产；注意卫生，保持兔舍清洁干燥；不喂霉变、带泥土、农药污染和冰冻饲料。

（2）做好产前产后工作。母兔平均妊娠期为30~32天。母兔怀孕第28天，将事先准备的垫草和产仔箱放入笼内，让母兔熟悉环境，便于衔草、拉毛做窝；部分初产母兔不会拉毛做窝，应进行人工辅助诱导拉毛；在母兔产前3天和产后3天，日服1片复方新诺明或饮用抗菌药、葡萄糖、电解多维混合物，以防母兔乳房炎、子宫炎、阴道炎和仔兔黄尿病；母兔分娩时要有专人负责，分娩结束后及时清除产箱内污物，清点仔兔数目，对弱仔或残仔坚决淘汰，仔兔数过多的调整寄养，保证每只母兔哺乳6~7只最好；母兔分娩后，及时喂给掺有少量食盐的清洁饮水或新鲜青绿饲料，防止母兔分娩结束后因口渴吃掉仔兔。

17. 母兔临产前有什么表现症状?

多数母兔在临产前3~5天，乳房肿胀，外阴部肿胀充血，黏膜潮红湿润，食欲减退，甚至拒绝采食。在临产前数小时，开始衔草做窝，并将胸腹部毛用嘴拉下来，衔入巢内铺好。到产前2~4小时，母兔频繁出入产箱，母兔产仔一般在凌晨5时至下午1时。

18. 母兔产前做哪些准备工作?

在母兔分娩前3~4天，准备好产仔箱，清洗、消毒、晾干后铺好柔软干净的垫草，让母兔熟悉环境，诱导母兔衔草、拉毛做窝。提供充足、清洁的饮水，专人负责管理。冬季要防寒保暖，室内气温不低于10℃；夏季通风良好，作好防暑工作。

19. 初产母兔不会拉毛怎么办?

初产母兔如不会衔草、拉毛营巢，管理人员可代为铺草、拉毛做窝，以启发母兔营巢做窝的本能。

20. 母兔产前拉毛有何作用?

(1) 拉毛可刺激乳腺发育，提高泌乳力。一般来说，拉毛早则泌乳早，拉毛多则泌乳多。

(2) 母兔被毛具有良好的保温御寒作用，是仔兔的天然被褥。

(3) 拉毛可使乳头充分裸露，便于仔兔吮乳。

21. 母兔产仔时怎样护理?

母兔分娩时应有专人护理。母兔产仔时保证环境安静、舒适。母兔的分娩时间比较短，一般每一窝仔兔，只需20~30分钟。母兔边产仔边将仔兔脐带咬断，并将胎衣吃掉，同时舔干仔兔身上的血迹和黏液，分娩结束。分娩结束后母兔跳出巢箱觅水，应提前准备一些淡盐水、红糖水、米汤或普通的井水等放入笼内，以免母兔因口渴得不到水喝，跑回箱内将其仔兔吃掉。换掉被血水、羊水污染的垫草，清点仔兔和检查其健康状况，扔掉死胎，做好记录。对产后的母兔应喂服3

天的抗生素药物，以预防母兔乳房炎和仔兔黄尿病，提高仔兔成活率。

22. 怎样饲养哺乳期母兔?

哺乳母兔就是从产仔开始到仔兔断奶。哺乳母兔饲养原则：加强营养，提高泌乳量。

（1）营养要全面。母兔在哺乳期间，每天分泌乳汁 60~150mL，高产母兔每天可分泌乳汁 150~250mL，最高可达 300mL。所以，母兔哺乳期的营养水平直接关系到母兔的泌乳量的多少，该期母兔饲料中粗蛋白的含量应保持在 17%~18%，而且喂给适量的青绿多汁饲料，以及大麦芽、胡萝卜等含维生素的食物，可显著提高母兔的泌乳量。同时，要供给母兔足够的清洁饮水。哺乳母兔日粮的营养水平建议为：粗蛋白质 18%，消化能 10.8~11.3MJ/kg，粗纤维 12%，脂肪 3.5%左右，钙 1.0%左右，还应注意保证其赖氨酸、蛋氨酸的供给。

（2）适时调节喂料量。母兔产后 1~2 天采食量很少，不宜喂精饲料，要多喂青饲料，可调节母兔的消化机能，防止母兔便秘，还有一定的催乳功能；母兔产后 3 天才能恢复食欲，要逐渐增加饲料量；当母兔产后 10~15 天，泌乳量达到高峰，这时要满足母兔营养需求量，饲料充足，饮水要及时；仔兔断奶前 5 天左右，要适当减少饲料的饲喂量，否则容易发生乳房炎。另外，还要根据仔兔的粪便、尿液情况来调节母兔的日粮水平。开眼前的仔兔，所食乳汁大部分都被吸收，粪尿很少，说明母兔的饲喂量正常；如产箱内尿液很多，说明多汁饲料饲喂量过多；如仔兔粪多而尿少，说明母兔的精料饲喂量过多，而青绿多汁饲料饲喂量过少。

23. 怎样管理哺乳期母兔?

哺乳期母兔的管理原则：预防疾病，及时检查，及时治疗。

保持兔舍、兔笼的清洁干燥，应每天清扫兔笼，洗刷饲具和尿粪板，并要定期进行消毒，以减少乳房或乳头被污染的机会；定期检查和维修产仔箱、兔笼，减少乳房、乳头被擦伤和刮伤的机会；注意通风换气，并保持兔舍周边安静；每天检查母兔泌乳情况和仔兔吃奶情况。

另外，此阶段要特别注意预防母兔乳房炎，母兔产仔后，应在其饲料或饮水中投放 0.15g 研碎的长效磺胺噻唑和适量小苏打。经常检查母兔的乳头、乳房，了解母兔的泌乳情况，如发现乳房有硬块，乳头有红肿、破伤情况，要及时治疗。

24. 怎样预防母兔流产？

（1）单笼饲养；

（2）多喂些容易消化、营养丰富的蛋白质饲料及矿物质和维生素，特别是多喂些青绿饲料；

（3）不准无故捕捉怀孕母兔，以防受惊吓而引起流产；

（4）保持环境安静，严禁在兔舍附近大声喧哗，特别要防止突然的户外声响，如爆炸声和鞭炮声等；

（5）严防狗、猫等动物袭击母兔；

（6）注意卫生，通风换气，定期消毒兔舍，保持兔舍清洁干燥；

（7）不喂霉变、带泥土、农药污染和冰冻的饲料；

（8）夏季饮清凉井水或自来水，以利于防暑降温。冬季最好饮温水，以防水温过低引起腹痛而流产；

（9）对有流产征兆的母兔可肌内注射黄体酮 15mg 保胎。

25. 什么原因导致母兔假孕现象？

（1）外因：不育公兔的性刺激或母兔的子宫炎、阴道炎等的影响。

（2）内因：排卵后，由于黄体的存在，孕酮分泌，促使乳腺激活，子宫增大，从而出现假孕现象。

26. 母兔假孕有什么危害？

在生产实践中，假孕现象有时高达 20%～30%，假孕现象的持续时间为 16～18 天，假孕延长了产仔间隔，会降低种兔的利用率，给养兔生产造成一定的损失。

27. 怎样防治母兔假孕现象？

（1）采取重复配种或双重配种的方法，减少母兔因配种刺激后排卵而未受精的现象。种兔场可选择重复配种，即在第 1 次配种 5~6 小时再用同一只种公兔进行第 2 次交配；商品兔场可采用双重配种法，即在第 1 只公兔交配后过 15 分钟再用另一只公兔交配 1 次。长期没用的种公兔，必须在配种后的 6~8 小时再进行复配。

（2）配种前，应检查母兔的生殖系统有无炎症，如有炎症，应及时对症治疗，痊愈后再配种。

（3）对繁殖种兔，公、母兔分别建立繁殖卡片，使交配、产仔有记录，做到近亲不配，未发育成熟不配，换毛高峰期和恶劣天气不配。

（4）及时补配：母兔交配后 10~12 天进行摸胎检查，发现不孕母兔要及时补配。

（5）发现假孕后，将其立即放进公兔笼内进行配种，一般即可准胎。

（6）发现假孕现象可注射前列腺素促进黄体消失。

（7）加强管理，搞好清洁卫生和消毒：繁殖母兔要单笼饲养，防止母兔相互爬跨刺激；不要随意捕捉和抚摸等人为刺激；除促使母兔发情外，一般不让试情公兔随意追逐爬跨母兔；对种兔增加运动时间，防止过度肥胖。

28. 怎样控制种公兔的体重？

（1）非配种期，保证营养适中，保持体况，以防过肥；

（2）配种期坚持采取限饲的方法，禁止其自由采食，控制在八分饱；

（3）加大兔笼面积，尽可能地增加种公兔的活动范围，防止膘情过肥；

（4）笼养公兔要定期运动，至少每周要运动 2 次，每次运动 1 小时左右。

29. 母兔泌乳量少是怎么回事?

母兔泌乳量少的原因是多方面的，如饲料配方的营养水平低、微量成分缺乏、饲料投喂量不足、饮水不足、药物性作用和应激因素等都会影响母兔泌乳。因此，针对实际情况采取相应措施。

30. 什么是“一分为二”哺乳法?

母兔产仔数较多（10只以上），当时又没有合适的保姆兔，而这只母兔的体质较好，泌乳力较高时，可采取“一分为二”哺乳法。即将这窝仔兔按照体重大小分成两部分，分别放在两个不同的产箱内。每天定时将两部分仔兔拿到母兔窝里吃奶。清早让体重较小的部分仔兔吃奶，而晚上哺喂体重较大的部分仔兔。由于在正常情况下母兔每天只喂奶1次，而这样强迫母兔每天两次喂奶，体内营养消耗相当大。为此，应加强母兔的营养供应，对仔兔应及早补料。采用这种方法，1只良好的母兔，1胎可育仔16~18只，而且发育均匀。

31. 怎样使一窝仔兔整齐化一?

生产中经常发现，在同窝中仔兔的出生重不一致，有的甚至相差悬殊，特别是一些大型品种这种现象更加严重，体小的可能仅40g左右，而体大的超过100g。在不进行人工调整的情况下会发生严重的两极分化，体小的仔兔甚至中途夭折。对于体小的仔兔采取“吃偏饭”“开小灶”的措施，不仅可提高仔兔的成活率，而且可加速它们的生长发育，在1个月内可赶上体大的仔兔，使全窝发育一致。具体做法是：采取人工辅助定时哺乳法，在每次喂奶时，先让体小的仔兔吃奶，保证它们吃足吃饱，然后让体大的仔兔吃奶；也可以每天让体小的仔兔吃两次奶，当全窝仔兔大小均匀后，即可停止开小灶。

32. 为什么“主动弃仔”比“被动淘汰”好?

如果母兔产仔较多而又无合适“保姆兔”寄养，应及早将发育不良、体质弱小的仔兔弃掉，以免影响其他仔兔的正常哺乳和发育。有些人认为这种做法太可惜，舍不得扔掉活生生的仔兔，将仔兔全部保留，其结果事与愿违。大量的调查表明，主动抛弃部分体重小、发育弱的仔兔，保留那些体大、健壮的仔兔，调整其数量与母兔泌乳力相适应，这样会使仔兔的成活率高，仔兔的断乳体重大，对幼兔的发育有利；反之，将全部仔兔保留，会使全窝仔兔发育不整齐，大小悬殊，弱小的仔兔逐步死亡，而那些最终死亡的仔兔已经消耗掉一部分乳汁，造成母乳的极大浪费，而且最终成活的仔兔数并不多。在主动弃仔时，如果想保留某种性别的仔兔（如想作为商品兔以留公兔为宜；想扩大种群，以留母兔为宜），可在此时做出选择。实践证明，主动弃仔比被动淘汰好，弃仔越早越好，越晚损失越大。

33. 怎样给仔兔补料?

仔兔补料一般从16~18日龄开始，最晚不超过20天。采用专门的补饲料，要求饲料易消化、适口性好，符合仔兔的营养需要。补料时，最好母仔分开，以防母兔抢食仔兔料。仔兔在25日龄前以吃奶为主，吃料为辅，而在25日龄后应转变为以吃料为主，吃奶为辅。补饲前1~2天，每天每只4~5g，2~3天后再逐渐加料，到断奶时每天投料5~6次，每天每兔投料40~50g。

记住补料原则：逐渐过渡，喂料量逐渐增加，少喂勤添。

34. 怎样预防老鼠伤害仔兔?

仔兔在睡眠期遭鼠害最大。预防鼠害可采取主动灭鼠和被动防鼠相结合。前者是采取一定的措施将老鼠消灭，如设灭鼠器具、投放灭鼠药物等，投药时一定要注意安全，防止家兔误食。所谓被动防鼠，是说在无法杜绝老鼠的情况下，加强防范措施，如把产仔箱保管好，放置在老鼠无法到达的地方，比如用绳把产仔箱吊起来，放在较高的桌面上或用铁丝制成罩子将产仔箱扣住或将巢箱统一编号，晚间集中防护，白天送回原笼，定时哺乳。

35. 为什么不能采取养猫防鼠?

有人采用养猫防鼠，这样做是不可取的，原因如下：

（1）猫既吃老鼠也吃小兔；

（2）猫在兔舍里跑动和叫声对家兔是一种刺激；
（3）猫的粪尿对饲料和饮水的污染会使家兔感染一些寄生虫病。

36. 小兔生后1~3天内死亡主要是什么原因?

根据生产调查，仔兔死亡有3个高峰，第一个高峰是生后1~3日龄，第二个高峰是5~7日龄，第三个高峰是在开眼前后。仔兔出生后，吃的初乳中含有较多的抗病物质，因此，小兔在1~3日龄内发生病原菌感染而得病的机会不大，主要是非疾病性死亡。如胚胎期发育不良、受冻、饥饿、被母兔吃掉、踏死，被老鼠吃掉等。

37. 仔兔5~7天大批死亡是怎么回事?

初生仔兔5~7天是第二个死亡高峰期，可使仔兔全窝死亡。主要原因是仔兔出生后，肠道内有益菌才从无到有，数量极少。若环境卫生不清洁，笼底污秽，母兔发生了乳房炎，或因笼底污秽母兔乳头粘上了大肠杆菌等病原菌，仔兔吃奶时病原菌就进入体内，引起仔兔拉黄色稀便，尿也发黄，发臭，即仔兔黄尿病，这种病整窝发病，死亡率很高。由于前3天仔兔吃的是初乳，含有大量的抗体和抗菌物质，增强了仔兔的抵抗力，所以一般不发病，但3天以后抗病力逐渐降低，5天以后不能有效抵抗大量病菌而发病死亡。

38. 怎样防治仔兔黄尿病?

母兔产前3天减少精饲料喂量，增加青饲料，而产后的3~4天则要逐步增加精饲料，多给青绿多汁饲料，并增加鱼粉和骨粉，同时每天喂给磺胺噻唑0.3~0.5g和苏打片1片，每天2次，连喂3天。

39. 什么是商品家兔“直线育肥法”?

家兔的直线育肥是指家兔的育肥期不分阶段，从断乳开始，以较高的营养一直把商品兔育肥到出栏。其优点是生长发育速度快，一般4月龄达到2.5kg左右，5月龄达到3kg左右。

40. 什么是商品家兔“阶段育肥法”？

家兔的“阶段育肥法”，也叫前促后控育肥法，即断乳到3.5月龄，提高营养水平（蛋白质含量17.5%），采取自由采食，充分利用其早期生长发育速度快的特点，让其多吃快长；此后适当控制，每天投喂相当于自由采食80%~90%的饲料。采取前促后控的育肥技术，可以节省饲料，降低饲养成本。

41. 商品家兔何时出栏好？

一般来讲，当肉兔体重达到2.0~2.5kg时即可出栏。獭兔皮是特殊的商品，獭兔一般需要在5~6月龄。因此，獭兔的最小出栏时间是5月龄，但6月龄以后又进入了下一个换毛期，即季节性换毛，对皮毛质量会造成不良影响。一些资料介绍獭兔“3月龄快速育肥法”，根据獭兔被毛的脱换规律和皮板的成熟规律，如果没有极特殊的措施，3月龄是不能达到优质皮张要求的。因此，商品獭兔出栏的时间不宜提前，也不宜错后。

42. 商品家兔育肥是否需要去势？

需要。家兔育肥时，公兔最好要去势，去势应在性成熟前进行。

43. 家兔育肥暗光和强光有什么影响？

在家兔育肥生产中发现，处于光照时间长而强的条件下，家兔生长缓慢；而在光照时间短而弱的环境下，家兔生长速度加快，10周龄体重达2 kg以上。因此，育肥期宜实行弱光或黑暗，可抑制性腺发育，促进生长，减少活动，避免咬斗等。

44. 产仔箱经常在母兔笼内和定时放入哪种方法好？

养兔发达国家的现代规模化兔舍，多采用悬挂式产箱，让母兔自由出入产箱，减少人为干预和简化管理程序，其效果很好。我国一些兔场采用母仔分离，定时哺乳。平时将产箱取走，集中管理，每天早晨再把产箱放在母兔笼内哺乳。

这两种方法哪种好？前者的劳动效率高，只要设施配套，环境控制好，其育仔效果是令人满意的；后者是“中国特色的育仔方法”，因为我国的劳动力充足、廉价，可通过细致的管理弥补设备和条件的不足。但是，由于人为干扰过多，反复对母兔造成应激，使母性降低，泌乳力降低，育仔效果往往不好。母仔分养，定时哺乳，是在特殊情况下采用的育仔方法，如寒冷季节，兔舍无法达到理想温度；有些母兔的母性差，有食仔恶癖，必须进行人工监护哺乳等。

45. 断乳后的幼兔限制饲喂好还是自由采食好?

断乳后的幼兔食欲旺盛，易贪食，饲喂时要遵循少喂勤添的原则，一般每天定时饲喂 3~4 次为宜。此外，要保证饲料的品质。

第十章　兔的疾病防治

第一节　家兔的消毒和免疫

1. 兔场消毒如何进行?

每次给兔场消毒时，先要彻底清扫污物，将粪便堆积发酵。地面用水冲洗干净，待干燥后用3%来苏尔、10%石灰乳或30%草木灰水洒在地面上进行消毒。消毒时要根据病原体的特性、被消毒物品的材质等因素，合理选用消毒剂和消毒方法。兔笼底板可浸泡在5%来苏尔溶液中消毒。对环境和笼舍等喷雾消毒时，可选用0.05%百毒杀等药物。食盆等用具可放在消毒池内，用5%来苏尔、1：200杀特灵等浸泡2小时左右，然后用清水洗刷干净，干后待用。木制或竹制用具，可用热碱水洗刷，浓度为2%~5%，顶棚或墙壁可用10%~20%的石灰乳刷白。金属物品最好用火焰喷灯消毒，为防止腐蚀，不得使用酸性或碱性消毒剂。兔场外周地面消毒，可用10%~20%的石灰乳喷洒。通常7~10天带兔喷雾消毒1次。每天要清扫兔舍（笼），把兔吃剩下的饲料、清扫的粪便运到兔舍外的指定地点，进行堆积发酵。料盒、水盆要每天清洗，3天消毒1次，饲料车、清扫工具、产仔箱也是3天消毒1次，兔舍（笼）环境、场区、厕所等每周消毒1次，场区内要平整，如有沟洼、死水，要垫平，要消灭蚊蝇和老鼠。工作人员和外来参观人员进入兔舍前要进行消毒，入场交通工具和各种笼具等都要进行消毒。

2. 如何正确使用兔用疫苗?

(1) 贮藏温度。目前市场上销售的兔用疫苗都是灭活疫苗。灭活疫苗前期保存必须放在冷藏箱内，温度在2~8℃。温度过高容易使疫苗的免疫效力下降，保存时间变短。灭活疫苗结冰同样也会使疫苗的免疫效力下降，有时比短期内的高温更严重。原因是结冰后疫苗中佐剂的作用被破坏。短期内的高温对于灭活疫苗来说不是很严重，因为灭活疫苗中的抗原已经“死”了，免疫效力下降的速度较慢，主要是抗原自然降解。而活疫苗的抗原是“活”的，一旦活的抗原死掉一部分，导致抗原量不足，就不能保证疫苗的免疫效力。

(2) 用药及消毒。灭活疫苗的抗原是“死”的，使用疫苗前的用药及消毒不会影响免疫效果。但使用活疫苗时，用药及消毒会杀死活疫苗中的细菌或病毒，使活疫苗的免疫效果降低或丧失。但注射疫苗期间，对免疫有抑制作用的药物不得使用，如氯霉素类。

(3) 有效期。有人认为疫苗越新越好，实际上正规厂按国家标准生产的疫苗，在保质期内都有效，但必须在适当的温度下保存，大概需要1个月的时间，有时候需要2个多月。倘若用户买到的疫苗离生产日期仅有10~15天，那么该疫苗就没有经过检验，质量不能保证，有时会产生严重的后果。在生产实践中，灭活疫苗只要保存得当，物理性状好，即使有效期已过（1个月以内），使用也是有效的。如不放心，可以适当增加用量。

3. 免疫注射注意事项有哪些?

(1) 按照合理的程序对健康兔进行免疫注射。生病及体质差的兔注射疫苗后免疫效果不佳。

(2) 注意做好消毒工作。疫苗注射前要充分做好准备工作，对注射用的针头、注射器和镊子等必须先消毒好备用，酒精应稀释成75%的浓度。要合理组织安排人力，应有专人负责兔子的保定、注射、记录。免疫注射时，每注射1只兔子，需要换1只针头，至少应用酒精棉球擦拭后再用，以防止针头带菌、带毒，传播疾病。要重视注射前对注射部位的消毒，以免由于消毒不严而引起注射部位发生炎症化脓。

（3）注意疫苗用前摇匀。兔用疫苗皆为灭活疫苗，静止后会自然沉淀，使用时一定要摇匀。否则注射到每个兔子的抗原量不一致，有的可能过多，有的可能过少，过少的就达不到免疫效果，造成免疫失败，因此在抽取疫苗时要经常不断摇匀。

（4）注意注射方法，兔用疫苗中除兔瘟疫苗没有佐剂外，其他疫苗均含有不同的佐剂，注射后一定时间内会在注射部位有小疙瘩，剂量越大，疙瘩越大。因此，在注射时应将注射针头刺入皮下后前行1.5cm后再注射，注射前后要做好消毒工作，避免污染细菌后引起化脓。

4. 家兔如何免疫，使用疫苗有哪些注意事项？

（1）母兔妊娠中后期。

① 妊娠15天以上至产前的母兔，每3~5天口服抗生素1次，药物可选复方新诺明、复方敌菌净、磺胺脒，严格按说明用量。有效预防妊娠期一般病菌感染，如胃肠病和部分炎症等。

② 妊娠20天的母兔，增补维生素和葡萄糖或胡萝卜喂量，可调整新陈代谢，有效预防母兔毒血症。

③ 妊娠25天的母兔，饲料中按量加入沈氏回春散，连喂3天，调节母兔内分泌，对保胎产生作用。

（2）哺乳期的仔兔和母兔。

① 初生仔兔3天内，人用氯霉素眼药水滴口腔，每兔每次2滴，连滴1~2次，能较好地预防仔兔急性肠炎。

② 产后当天的母兔，肌内或皮下注射产后康，按说明使用，仅1次，可起到消炎抗菌和防病作用。

③ 产后3天的母兔，加喂维生素C、复合维生素B，每天2次，每次每兔各1片，连用3天，重点预防毒血症。

④ 产后母兔，选3~4种抗生素，每3~5天用1种，每种用1次，预防各种细菌感染。

⑤ 在哺乳期的仔兔产箱，每天检查1~2次，对潮湿和污染的垫物勤更换，可明显地防止仔兔患生螨病。

⑥ 仔兔开食到断奶前，用3~4种抗球虫药物，如球立克、痢特灵、氯苯胍、敌菌净等，7~10天连续交替用1种，可很好地预防球虫病。

(3) 幼兔期，断奶兔（幼兔）。

① 36天和80天，颈部皮下注射兔球净，每兔0.2mL，共两次。加喂抗球虫药，同时继续预防球虫病，直至100日龄。

② 40日龄兔（幼兔），颈部皮下注射巴、波二联疫苗，每兔2mL，有效预防巴、波杆菌病感染。

③ 45日龄初和75日龄加强免疫，45日龄皮下注射兔瘟疫苗，每兔2mL，75日龄加强兔瘟免疫，有效预防兔瘟病。

(4) 中成兔期。

① 季节性兔瘟免疫，每6个月注射1次兔瘟疫苗，每兔皮下注射2mL，有效预防兔瘟病。

② 季节性巴、波免疫，从36日龄起，每4个月注射1次巴、波二联疫苗，每次每兔2mL，有鼻炎病注射兔鼻康，预防巴、波杆菌病。

③ 全部中成兔，每6个月注射1次伊维菌素，每次每千克体重0.02mL，预防各种寄生虫病，最好定期使用抗球虫药。

5. 如何进行病兔剖检，需要注意些什么？

将尸体放于解剖台或瓷盘内，腹部向上，沿腹部中线剖开腹腔，观察内脏和腹膜，然后剖开胸腔，剪破心包膜，观察心脏、肺脏和胸腺的变化。继续将颈部皮肤剖开，分离出气管、喉头、食道和舌等，也可将气管和肺同时取出，将脾、网膜、胃和小肠一起取出，大肠单独取出，分离肝、肾、膀胱和生殖器官等，取出后对各器官进行认真观察。主要观察颜色、大小，是否水肿、出血和淤血，坏死和结节以及脏器实质及消化道内容物的状态，并注意特征性变化，如检查脑则开颅腔。

6. 怎样处理病死兔？

(1) 及时发现，尽快处理。每天应对每只兔检查1~2次，发现疾病随即处理。耽误时间，就会丧失治疗的机会，因此，兔发病后越早治疗越好。

（2）病死兔应做剖检。

（3）及时淘汰病残兔和一些失去治疗价值及经济价值的兔。

（4）深埋或烧毁所有病死兔剖检后，如不送检、应在远离兔舍处深埋或烧毁，减少病原散播，千万不能乱扔，或给狗、猫等生食。

7. 家兔给药方式有哪些？如何进行？

(1) 经口投药法。

① 口服法。

口服法是将能溶于水并且在水溶液中较稳定的药物放入家兔饮水中，不溶于水的药物混于家兔饲料内，由家兔自行摄入。该方法技术简单，给药时动物接近自然状态，不会引起家兔应激反应，适用于多数动物慢性药物干预实验，如抗高血压药物的药效、药物毒性测试等。其缺点是动物饮水和进食过程中，总有部分药物损失，药物摄入量计算不准确，而且由于动物本身状态、饮水量和摄食不同，药物摄入量不易保证，影响药物作用分析的准确性。强制性给药时固体药物口服具体操作方法：一人操作时用左手从背部抓住家兔头部，同时以拇、食指压迫家兔口角部位使其张口，右手用镊子夹住药片放于动物舌根部位，然后让家兔闭口吞咽下药物。

② 灌服法。

灌服法是将家兔适当固定，强迫家兔摄入药物。这种方法能准确把握给药时间和剂量，及时观察动物的反应，适合于急性和慢性动物实验，但经常强制性操作易引起家兔不良生理反应，操作不当甚至引起家兔死亡，故应熟练掌握该项技术。强制性给药时液体药物灌服方法：给家兔灌服时宜用兔固定箱或由两人操作。助手取坐位，用两腿夹住动物腰腹部，左手抓兔双耳，右手握持前肢，以固定动物；术者将木制开口器横插入兔口内并压住舌头，将胃管经开口器中央小孔沿上腭壁插入食道约 15cm，将胃管外口置一杯水中，看是否有气泡冒出，检测是否插入气管，确定胃管不在气管后，即可注入药物。

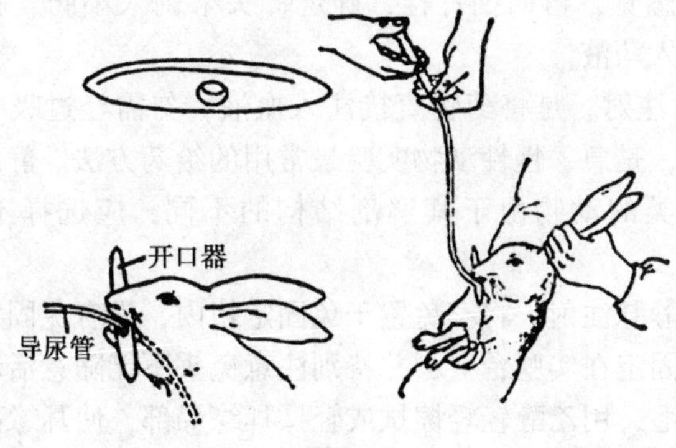

灌服给药

（2）注射给药。

① 皮下注射。皮下注射是将药物注射于皮肤与肌肉之间，适合于所有哺乳动物。家兔皮下注射一般应由两人操作，熟练者也可一人完成。由助手将家兔固定，术者用左手捏起皮肤，形成皮肤皱褶，右手持注射器刺入皱褶皮下，将针头轻轻左右摆动，如摆动容易，表示确已刺入皮下，再轻轻抽吸注射器，确定没有刺入血管后，将药物注入。拔出针头后应轻轻按压针刺部位，以防药液漏出，并可促进药物吸收。

② 肌内注射。肌肉血管丰富，药物吸收速度快，故肌内注射适合于几乎所有水溶性和脂溶性药物，特别适合于狗、猫、兔等肌肉发达的动物。助手固定家兔，术者用左手指轻压注射部位，右手持注射器刺入肌肉，回抽针栓，如无回血，表明未刺入血管，将药物注入，然后拔出针头，轻轻按摩注射部位，以助药物吸收。

③ 腹腔注射。腹腔吸收面积大，药物吸收速度快，故腹腔注射适合于多种刺激性小的水溶性药物，并且是啮齿类动物常用给药途径之一。腹腔注射穿刺部位一般选在下腹部正中线两侧，该部位无重要器官。腹腔注射可由两人完成，熟练者也可一人完成。助手固定家兔，并使其腹部向上，术者将注射器针头在选定部位刺入皮下，然后使针头与皮肤成45°角缓慢刺入腹腔，如针头与腹内小肠接触，一般小肠会自动移开，故腹腔注射较为安全。刺入腹腔时，术者可有阻力

突然减小的感觉，再回抽针栓，确定针头未刺入小肠、膀胱或血管后，缓慢注入药液。

④ 静脉注射。是将药物直接注入血液，勿需经过吸收阶段，药物作用最快，是急、慢性动物实验最常用的给药方法。静脉注射给药时，不同种类的动物由于其解剖结构的不同，应选择不同的静脉血管。

兔耳缘静脉注射：将家兔置于兔固定箱内，没有兔固定箱时可由助手将家兔固定在实验台上，并特别注意兔头不能随意活动。剪除兔耳外侧缘被毛，用乙醇轻轻擦拭或轻揉耳缘局部，使耳缘静脉充分扩张。用左手拇指和中指捏住兔耳尖端，食指垫在兔耳注射处的下方(或以食指、中指夹住耳根，拇指和无名指捏住耳的尖端)，右手持注射器由近耳尖处将针（6号或7号针头）刺入血管再顺血管腔向心脏端刺进约1cm，回抽针栓，如有血表示确已刺入静脉，然后由左手拇指、食指和中指将针头和兔耳固定好。右手缓慢推注药物入血液。如感觉推注阻力很大，并且局部肿胀，表示针头已滑出血管，应重新穿刺。注意兔耳缘静脉穿刺时应尽可能从远心端开始，以便重复注射。

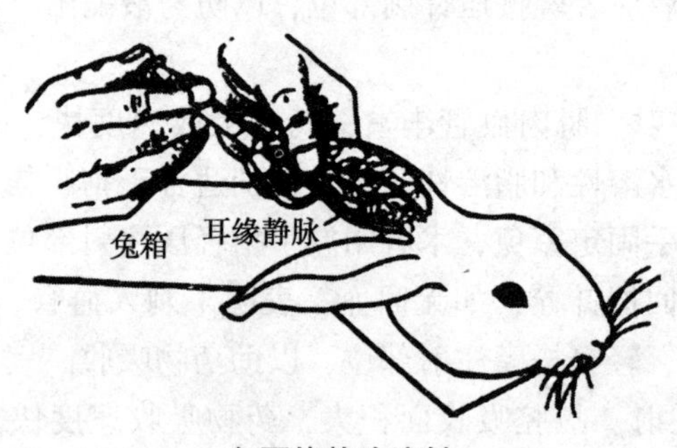

兔耳缘静脉注射

8. 兔场有了病兔是治还是淘汰?

总的来说是以防为主，防治结合。如兔场有重大传染疾病，病兔就淘汰焚烧，消毒场地笼舍，切断传染源。普通疾病可以视病情采取相应措施以治疗。

第二节　家兔常见病防治

1. 怎样治疗家兔真菌病?

（1）灰黄霉素：每吨饲料加 250g，连服 3 天，停 7 天，再服 3 天。

（2）兔霉净：每瓶 10mL 加 10kg 水，喷雾（江苏农科院生产）。

（3）皮复康：溶解于 20mL 水，大兔肌注 1mL，小兔 0.5mL（浙江农科院生产）。

2. 如何防治兔球虫病?

（1）症状。病程为数日到数周。病初食欲减退，以后废绝，精神沉郁，喜卧，眼、鼻分泌物及唾液增多，体温略升高，贫血，下痢，消瘦，腹胀，尿频或常作排尿姿势，尿色黄而浑浊；肝肿大，肝区触痛，有腹水，也可见到黄疸。此外尚有痉挛、麻痹等神经症状，终因极度衰竭而死亡。

（2）防治。加强饲养管理：定期消毒兔笼、食具；青饲料地严禁用病兔粪作肥料；妥善保存饲草料，防止兔粪污染；兔粪应发酵处理；病兔尸体要深埋或焚烧；种兔须经多次粪便检查，确无球虫卵囊时才可作种用；断奶幼兔和母兔隔离饲养，哺乳期母兔乳房应经常擦洗；供给全价饲料，更换饲草应逐渐过渡；幼兔精料可加适量鱼粉，以增强抗球虫病的能力；消灭兔舍鼠、蝇及其他昆虫；合理安排母兔繁殖季节，使幼兔断奶期避开霉雨天气；发现病兔立即隔离治疗或淘汰。

（3）药物预防。

① 怀孕 25 天起到仔兔产下 5 天止，母兔应每天饮用 0.01%碘溶液 100mL，停药 5 天，再改用 0.02%碘溶液，每天 80～100mL，连给 15 天。药液应现配现用，当作饮水，或将药物拌入精料中喂给；② 氯苯胍，混饲浓度为 100～150mg/kg；③ 大蒜、洋葱，适量混于饲料中经常饲喂。

(4) 药物治疗。

① 磺胺二甲基嘧啶，内服每千克体重 0.01~0.15g，每天 3 次，连用 3~5 天；② 呋喃唑酮，每千克体重 7mg，内服，每天 3 次，连用 3 天；③ 球痢灵，混饲治疗浓度为 0.025%，预防浓度为 0.0125%；④ 氯羟吡啶，治疗用 0.025%混饲，预防用 0.02%混饲；⑤ 黄柏、黄连各 6g，黄芩 15g，大黄 5g，甘草 8g，共研细末，早晚各服 2~3g，连用 3~5 天。

3. 如何防治兔螨病?

(1) 兔痒螨病。兔痒螨主要侵害耳部，起初耳根红肿，随后延及外耳道并引起外耳道炎，渗出物干燥成黄色痂皮，如纸卷样塞满耳道内。病耳变重下垂、发痒，病兔经常摇头、搔耳，有时病变蔓延至中耳和内耳，甚至达到脑部，引起癫痫样症状，严重时导致死亡。兔足螨常常寄生于头部、外耳道和脚掌下面的皮肤，引起炎症。传播较慢，易于治疗。

(2) 兔疥螨病。兔疥螨和兔背肛螨一般先在头部和掌部无毛或毛较短的部位（如嘴唇、鼻孔及眼周围）引起病变，后蔓延到其他部位，使兔产生痒感。病兔搔痒引起炎症，因此皮肤表面发生疱疹、结痂、脱毛以及皮肤增厚和龟裂等变化。病兔因代谢障碍而消瘦、贫血，甚至死亡。

防治：经常保持兔舍干燥，定期消毒，发现病兔立即淘汰或隔离治疗。

药物治疗原则：先去掉痂皮再用药，不要多次连续用药，以免中毒；兔舍内严禁处理螨病，毛、痂皮等病料应就地烧毁；不宜采用药浴治疗；药物治疗的同时要对笼具等物进行消毒。

药物治疗：① 1%~2%敌百虫水溶液擦洗病部，每天 1 次，连用 2 天，1 周后再用 1 次；② 用国产 50%的杀虫脒配成 0.2%溶液，擦洗或浸泡病部 2~3 分钟，隔天 1 次，连治 3 次；③ 用 50%辛硫磷乳油剂配成 0.1%或 0.05%水溶液，涂搽耳壳内外，治疗兔耳螨病；④ 0.2%蝇毒磷溶液涂于病部，一般 1 次即愈。严重病例可隔 3~5 天后再治 1 次；⑤ 二氯苯醚菊酯乳油（除虫精）1mg 加水 2.5~5L，配成2 500~5 000倍稀释液，涂搽1次。未愈时7天后再治1次；⑥ 碘甘油（碘酊3份，甘汕7份，混合）灌入耳内，每天1次，连用3天，多用于治疗兔痒螨病；⑦ 豆油100mL煮沸，加入硫黄20g，搅拌均匀，待凉后涂搽病部。

4. 如何防治家兔腹泻和腹胀？

治疗。方法一：内服大黄苏打片，1天2次，每次1~2片。方法二：对顽固性难以治愈的病例，可肌内注射硫酸新诺明，成年兔的用量为0. 3mg，幼兔减半，注射后20分钟左右即可排出大量干硬的小粪粒，一般1~2次可愈，注射后应观察10~20分钟，若发现有呼吸困难、肌肉震颤、流涎和出汗的症状，可及时肌注适量的阿托品解救。方法三：双醋酚酊，成年兔每次6mg，幼兔减半，内服，每天3次，便秘消失后应立即停药。

兔腹泻的预防。① 合理的饲养管理。家兔是草食动物，若精料过多，易在盲、结肠内发酵，碳水化合物剧增，也会引起肠道菌群平衡失调，细菌增殖，产生毒素，肠壁通透性改变，导致腹泻，而粗纤维可维持肠道正常的微生物区系，保持肠道正常的功能，因此，注意粗纤维的含量非常重要。② 建立定期卫生消毒制度。这包括饲料、饲草卫生及兔舍、用具的消毒措施。如不用霉烂变质的饲料、堆积发热的青草喂兔；兔舍兔笼及用具除每天清扫外，一般每季度要消毒1次，消毒时要特别重视兔笼内粪便及兔毛的清除，此外，还要注意兔舍的通风干燥状况。③ 注意隔离与检疫。凡新进场的兔子均要进行隔离检疫后方可进场，隔离场所应严禁闲杂人员进出，隔离区用具等均要消毒处理。④ 适时驱虫。兔球虫病发病率、死亡率都高，尤其是温暖多雨的季节对刚断奶的幼兔危害性大，球虫侵害兔体后除引起腹泻外，还可以破坏肠黏膜的完整性，使其他病菌乘虚而入，导致疾病复杂化，所以驱除球虫是防治腹泻的重要措施。⑤ 定时接种疫、菌苗。当乳兔断奶时，做好兔瘟和巴氏二联苗注射，并依次进行大肠杆菌、魏氏梭菌疫苗免疫。⑥ 药物预防。用土霉素等药物预防兔腹泻效果好。

5. 如何预防兔病毒性出血症？

兔病毒性出血症又称兔瘟，是由兔瘟病毒感染引起的一种急性传染病。

（1）病原和流行特点。病原是兔瘟病毒，存在于病死兔、隐性感染兔与康复兔的组织器官中，并可排出体外，因此成为主要的传染源。粪便、血、尿与病尸所污染的器物及饲养管理人员等为传播媒介。主要传播途径为消化道、呼吸道和皮肤伤口。各种家兔都可患病，但以长毛兔最易感染。3 月龄以上的青年与成年兔发病率与死亡率可高达 90%~100%，月龄越小发病越少，乳兔一般不感染。本病多流行于冬春季节。一旦发生，迅速波及全群，死亡率在 95%以上。最急性型病兔只见突然倒地，尖叫抽筋而死。多数病兔体温升高到 41℃以上，精神萎靡，食欲减退，呼吸急促，四肢呈游泳状，有的发生惊厥，鼻中流出泡沫性血液，多在 12~36 小时内抽搐而死。该病目前尚无特效药物治疗。

（2）症状。临诊特点是发病急、病程短、体温高。最急性的，突然倒地、抽搐、尖叫而死；急性的，体温升高达 40℃以上，精神沉郁，少食或不食，气喘，最后抽搐、鸣叫而死，病程几小时至两天。慢性者较长，有的可耐过而康复，但仍会排毒。

肝淤血肿大，色暗红或红黄，也可见出血和灰白色坏死灶。肾肿大，色暗红、紫红或紫黑，被膜下可见出血点和灰白色斑点。胆囊肿大，充满暗绿色浓稠的胆汁。脑和脑膜血管明显淤血扩张。胃黏膜潮红，肠浆膜可见出血斑点。淋巴结肿大，有出血。组织上，多器官充血、出血、坏死，有弥漫性血管内凝血；肝细胞弥漫性变性、坏死。

（3）预防。关键在于接种兔瘟疫苗进行预防，1~2 月龄兔肌注 1mL，成年兔肌注 2mL，即可有效预防该病发生。一旦有兔发病，立即隔离观察，并对全群进行“紧急预防接种兔瘟疫苗”，也能收到较好效果。

6. 魏氏梭菌病如何防治？

（1）症状。主要为腹泻，开始为灰褐色软便，很快变为黑绿色水样粪便，肛门附近及后肢被毛被粪便污染。体温不高，但精神沉郁、食欲不良或厌食。腹泻当天或次日即死。最急性时常无任何症状而突然死亡。

（2）防治。加强饲养管理，消除诱发因素，精料不宜过多饲喂。严格执行各项兽医卫生防疫措施。预防接种魏氏梭菌灭活苗。发生疫情时，立即采取隔离、消毒、淘汰病兔等措施。

（3）预防。病初用特异性高免血清治疗，每千克体重 2~3mL，皮下或肌内注射，每天 2 次，连用 2~3 天。药物治疗可用下列抗生素：红霉素，每千克体重 20~30mL 肌内注射，每天 2 次，连用 3 天；卡那霉素：每千克体重 20mL 肌内注射，每天 2 次，连用 3 天。如配合对症疗法（补液、内服食母生、胃蛋白酶等消化药），疗效更好。

7. 如何防治兔多杀性巴氏杆菌病？

本病是由多杀性巴氏杆菌引起的急性热性败血性传染病，主要侵害 2~6 月龄家兔，尤以春季多发。发病后如不及时控制，死亡严重。急性型病兔，表现突然发病，体温升高至 41℃以上，呼吸急促，打喷嚏，流鼻涕，有时下痢，死亡前体温下降，全身发抖，四肢抽搐，多在 12~18 小时内死亡。慢性型病兔，表现为体温升高，呼吸困难，发出如拉风箱似的响声，流浓鼻涕，打喷嚏和用前爪抓鼻，食欲减退，病兔多因消瘦、衰竭死亡，病程 1~2 周。此病只需预防接种兔巴氏杆菌苗，就能有效防治。发病后，可按每只兔用链霉素 0.5g 加 40 万单位青霉素肌注，每天 2 次，连续 5 天，效果较好。也可用 10%磺胺嘧啶 2mL 肌注，还可按每只兔用土霉素 0.25g，拌饲料中喂，每天 2 次，均有显著效果。

8. 怎么辨别肠球虫和肝球虫？

肠球虫兔拉稀，肝球虫兔便秘。剖检：肠球虫肠出血有白色结节，肝球虫肝肿大，表面有白色结节。

9. 如何防治兔大肠杆菌病？

（1）症状。主要表现下痢和流产，同时精神沉郁、食欲不振、腹部膨胀、磨牙、四肢发凉和消瘦。粪粒细小，两头尖，带有胶样黏液，后期常为混有黏液的水泻。粪黄，无血无臭。多于3~5天死亡，最急性病例无任何症状突然死亡。

(2) 治疗。链霉素肌内注射，每千克体重20mg，每天2次，连用4~5天；氯霉素肌内注射，每千克体重20~25mg，每天2次，连用4~5天；氯霉素口服，每次每千克体重20~25mg，每天3次，连用5天；痢特灵口服，每千克体重15mg，每天3次，连用3天；或磺胺脒（每千克体重100mg）、痢特灵（每千克体重15mg）、酵母片（1片）混合口服，每天3次，连用4~5天。也可用大蒜酊或大蒜泥口服治疗。

(3) 预防。加强饲养管理，保持兔舍卫生。仔兔断奶前后，更换饲料不能突然。常发生本病的兔场，可用本场分离到的大肠杆菌制成氢氧化铝甲醛苗进行预防注射，20~30日龄的仔兔肌内注射1mL。

10. 兔打呼噜是什么病？如何治疗？

打呼噜是兔患呼吸道疾病，如肺炎、支气管炎或咽炎而致的喉鸣音或肺部湿性啰音。治疗：肌注丁胺卡那霉素或林可霉素，每兔0.5~1mg，每天2次，连用2~3天可愈。

11. 如何防治兔支气管败血波氏杆菌病？

(1) 症状。鼻炎型：比较多发，流浆液性或黏液性鼻液，病程一般较短，多能康复。支气管肺炎型：较少见，流黏液性或脓性鼻液，鼻炎长期不愈，呼吸加快，食欲不振，逐渐消瘦，病程数周至数月，有的发生死亡。

(2) 防治。① 坚持自繁自养，如引进种兔，应隔离观察1个月；② 加强饲养管理，做好日常兽医卫生防疫工作；③ 及时检出有鼻炎症状的可疑兔，给予治疗或淘汰；④ 治疗可用下列抗生素或磺胺药：卡那霉素，每千克体重10~30mg，每天2次，连用3~4天，肌内注射；庆大霉素，每次1万~2万单位，每天2次，连用3~4天，肌内注射；氯霉素，每千克体重10~25mg，每天2次，连用3~4天，肌内注射；链霉素，每千克体重0.5万~1万单位，每天2次，连用3~

4 天，肌内注射；磺胺嘧啶，每千克体重 0. 05~0. 2g，每天 2 次，连用 5 天，肌内注射；酞酰磺胺噻唑，每千克体重 0. 2~0. 3g，每天 2 次，连用 5 天，口服。肺脓肿病例一般疗效不良，故应及时淘汰。

12. 如何防治兔坏死杆菌病?

（1）症状。病兔不能吃食，流涎。口、唇与齿龈黏膜坏死，形成溃疡。头、颈、胸前、腿、四肢关节及脚底部皮肤坏死、溃疡，其皮下与肌肉组织可发生化脓、坏死，坏死物有恶臭气味。

（2）防治。加强饲养管理，保持兔舍卫生，防止皮肤黏膜损伤，如有损伤应及时治疗。局部治疗：首先除去坏死组织，口腔以 0.1%高锰酸钾溶液冲洗，然后涂搽碘甘油或 10%氯霉素酒精溶液，每天 1 次。在皮肤炎症的肿胀期，可用 5%来苏尔或 3%双氧水冲洗，然后涂搽 5%鱼石脂酒精溶液或鱼石脂软膏；如局部有溃疡形成，清理创面后涂以抗生素软膏（如土霉素软膏、青霉素软膏）。全身治疗：磺胺二甲基嘧啶肌内注射，每千克体重 0. 15~0. 20g，每天 2 次，连用 3 天；青霉素腹腔注射，每千克体重 4 万单位，每天 2 次，连用 3 天；土霉素肌内注射，每千克体重 20~40mg，每天 2 次，连用 3 天；氯霉素肌内注射，每千克体重 20~25mg，每天 2 次，连用 3 天。同时结合对症疗法。

13. 什么是兔痘，如何防治?

兔痘是由兔痘病毒引起的，以皮肤出现红斑与丘疹，淋巴结肿大，眼炎为特征的一种急性、热性、高度接触性传染病，其特征是皮肤痘疹和鼻眼内流出多量分泌物。

（1）病原。病原为痘病毒科正痘病毒属的兔痘病毒。该病毒耐干燥和低温，但不耐湿热，对紫外线和碱敏感，常用消毒药可将其杀死。

（2）流行病学特点。本病只有家兔能自然感染发病，各年龄家兔均易感，但幼兔和妊娠母兔致死率较高。病兔为主要传染源，其鼻腔分泌物中含有大量病毒，污染环境，通过呼吸道、消化道、皮肤创伤和交配而感染。本病在兔群中传播极为迅速，常呈地方性流行或散发。幼兔死亡率可达70%，成年兔为30%~40%。

(3) 症状。本病潜伏期2~14天，病初发热至41℃，流鼻液，呼吸困难。全身淋巴结尤其是腹股沟淋巴结肿大坚硬。同时皮肤出现红斑，发展为丘疹，丘疹中央凹陷坏死成脐状，最后干燥结痂，病灶多见于耳、口、腹背和阴囊处。结膜发炎，流泪或化脓；公、母兔生殖器均可出现水肿，发炎肿胀，孕兔可流产。通常病兔有运动失调、痉挛、眼球震颤、肌肉麻痹的神经症状。病变主见皮肤、口腔、呼吸道及肝、脾、肺等出现丘疹或结节；淋巴结、肾上腺、唾液腺、睾丸和卵巢均出现灰白色坏死结节；相邻组织发生水肿和出血。根据症状和病理变化，不难做出初步诊断。确诊需分离鉴定病毒，或作血凝抑制试验等血清学试验。

(4) 防治。主要是坚持兽医卫生制度，严格消毒，隔离检疫等措施。受疫情威胁时，可用牛痘苗作预防注射。对病兔可试用利福平或中药治疗。

14. 如何防治兔弓形虫病?

弓形虫病是重要的人畜共患疾病，猫是终端宿主，有200多种动物可患该病，已呈全球性流行，对人类健康和畜牧业生产构成严重威胁，引起医学界和兽医界的普遍重视。近年来，弓形虫病在猪、羊、鸡等家养动物发病的报道很多，但在家兔方面较少。而根据笔者了解情况，兔弓形虫病发病率有逐渐增加的趋势。

(1) 症状。腹泻是弓形虫病的临床症状之一。急性型仔兔发病以突然废食、体温升高和呼吸加快为特征，有浆液性和浆液脓性眼垢和鼻漏。病兔嗜睡，并于几天内出现局部或全身肌肉痉挛的神经症状。有些病例可发生麻痹，尤其是后肢麻痹，通常在发病后2~8天死亡。慢性型病程较长，病兔厌食消瘦，常导致贫血。随着病程发展，病兔出现中枢神经症状，通常表现为后躯麻痹，怀孕母兔出现流产。病兔有的突然死亡，但大多病兔可以康复。

急性型以淋巴结、脾、肝、肺和心脏的广泛坏死为特征。上述器官肿大，并有很多坏死灶，肠高度充血，常有扁豆大的溃疡，胸、腹腔有渗出液，此型主要发生于仔兔。慢性型以各脏器水肿、增大，并有散在的坏死灶为特征，此型常见于老兔。隐性型主要表现为中枢神经系统中有包囊，可看到神经胶质瘤和肉芽性脑炎病变。

（2）治疗。目前尚无特效药物，可参考如下方法：① 磺胺嘧啶加甲氧胺嘧啶。前者首次用量每千克体重0.2g，维持量每千克体重0.1g。后者用量每千克体重0.01g，每天1次内服，连用5天。② 磺胺甲氧吡嗪加甲氧苄胺嘧啶。前者首次用量每千克体重0.1g，维持量每千克体重0.07g。后者用量每千克体重0.01g，每天1次内服，连用5天。③ 长效磺胺加乙胺嘧啶。前者首次用量为每千克体重0.1g，维持量每千克体重0.07g。后者用量每千克体重0.01g，每日1次内服，连用5天。④ 蒿甲醚。每千克体重用量6~15mg，肌内注射，连用5天，有很好的效果。⑤ 双氢青蒿素片。每兔每天用量10~15mg，连用5~6天。⑥ 磺胺嘧啶钠注射液。肌内注射，每次0.1g，每天2次，连续3天。

（3）预防。① 猫是弓形虫的完全宿主，兔和其他动物仅是弓形体原虫无性繁殖期的寄生对象，因此要防止猫接近兔舍传播该病，饲养员也要避免和猫接触。② 定期消毒饲料、饲草和饮水，严禁被猫的排泄物污染。③ 对流产胎儿及其他排泄物要进行消毒处理，场地严格消毒，死于该病的病兔要深埋处理。

15. 如何预防家兔食毛产生毛球症？

家兔在清理自已身体时，吞入过多的毛发，在胃中结成球状的块，而出现消化系统方面的症状。诸如食欲不振、拉稀等。毛球过大时，可能阻塞肠道而造成死亡。用触诊即能感觉到毛球存在时，应进行手术取出。长毛种的兔子特别容易患此症，饲养员应经常帮忙梳理毛发，预防病症发生。

（1）症状。兔子是一种不会呕吐的动物，储存在胃里的毛因为各种原因而形成球状，阻塞胃的幽门变成疾病。症状初期时会排出形状不一的粪便。此时的食欲尚无太大改变。慢慢地粪便会变小，接着就排不出粪便。到了只排出小小的粪便时，食欲也已变差，没有像往常一样有精神了。到了排不出粪便时，水分跟食物都已无法摄取。到了这种状态时，胃肠的蠕动变差，体力也慢慢变差，最坏的情况，在数周后就会死亡。此外，有时候毛球也会引起肠阻塞而发生猝死。病因是因肥胖使得胃肠的蠕动变差，或是因为压力而过度清理身上的毛，或是喂食的方式不当，以纤维质少的颗粒食物为中心，或未喂食牧草，或是体质本身就容易发生（长毛种）等原因。

（2）预防。如果怀疑得了毛球症时，首先每天要检查粪便，观察粪便的变化。如果粪便变少，或是变小，就要将食物换成牧草、蔬菜。会吃牧草的兔子，大约1周仅喂食牧草即可。这时也可以喂食木瓜酵素的木瓜丸。若症状不见改善，就要立刻请教兽医，与兽医讨论之后，可以试着喂食新鲜凤梨汁或是去除毛球的化毛膏。新鲜凤梨汁可以自己制作，1天喂食3次，每次5~10mL，但勿放置过久。这时也可以喂食兽医所开的食欲增进剂，增加胃肠蠕动等，并按摩胃肠。为了不让兔子的食欲变差、体力降低，饲养者要喂食谷物类（小麦、大麦、燕麦等）或苜蓿草来增加兔子的食欲。用触诊即确认有大型毛球时，可能就要施以外科手术。此时最重要的就是兔子的体力要足够。每天喂食牧草，控制食量，避免肥胖，饲养员彻底进行换毛期的梳毛。容易发生毛球症的兔子要定期喂食木瓜丸。

16. 如何防治沙门氏杆菌病（副伤寒）?

（1）症状。除少数病兔无明显症状而突然死亡外，多数病例有腹泻症状。粪便稀，有黏性，内含泡沫。体温升高，沉郁，不食，喜饮水，消瘦。母兔从阴道排出黏脓性分泌物，阴道黏膜潮红、水肿，孕兔常发生流产并死亡，未死而康复者不易再受孕。流产胎儿体弱，皮下水肿，很快死亡。

（2）预防。① 搞好日常环境卫生，防止孕兔及幼兔与传染源接触；② 定期用鼠伤寒沙门氏杆菌诊断抗原普查兔群，检出的阳性兔隔离治疗；③ 孕前与孕初母兔皮下或肌内注射鼠伤寒沙门氏杆菌灭活菌苗，每兔1mL；疫区兔场也注射这种菌苗，每兔每年2次。

（3）治疗。氯霉素肌内注射，每次每千克体重20~25mg，每天2次，连用3~4天；氯霉素口服，每千克体重20~25mg，每天2次，连用3天，也可用土霉素、链霉素；琥珀酰磺胺噻唑，每千克体重0.1~0.3g，每天分2~3次内服；大蒜洗净捣烂，加适量凉开水灌服，每天3次，连用5天。

17. 母兔的流产和死产如何防治?

母兔怀孕中止，排出未足月的胎儿称为流产；怀孕足月但产出已死的胎儿称为死产。

（1）病因。引起流产与死产的原因很多。各种机械性因素，如剧烈运动、捕捉保定方法不当、摸胎用力过大、产箱过高、洞门太小或笼舍狭小使腹部受挤压、撞击等均可造成流产。强烈的噪声、突然的响声、猫狗及野生动物窜入造成惊吓，饲料营养不全，尤其是某些维生素和微量元素不足，饲料中毒，生殖器官疾病，以及某些急性、热性传染病和重危的内外科疾病，也可引起流产与死产。有些初产母兔在产第一窝时高度神经质，母性差，也会造成死产。另外，内服大量泻剂、利尿剂、麻醉剂等也能引起流产与死产。

（2）症状。一般在流产与死产前无明显症状，或仅有精神、食欲的轻微变化，不易注意到，常常是在笼舍内见到母兔产出的未足月胎儿或死胎时才发现。有的怀孕15~20天，衔草拉毛，或无先兆，产出未足月的胎儿。有的比预产期提前3~5天产出死胎。有时产出一部分死胎、一部分活胎儿。产后多数体温升高，食欲不振，精神不好。有时产后无明显症状。

（3）防治。加强饲养管理，保持兔舍安静。对流产后的母兔，应喂给营养充足的饲料，及时用抗菌类药物口服或注射，控制炎症以防继发感染。

18. 母兔的难产如何防治?

（1）病因。产力不足、产道狭窄和胎儿异常。饲养管理不当，使母兔过肥或瘦弱，运动和日照不足等可使母兔产力不足。早配，骨盆发育不全，盆骨骨折，盆腔肿瘤等可造成产道狭窄而难产。胎势不正或胎儿过大、过多、畸形、胎儿气肿。

（2）症状。孕兔已到产期，拉毛做窝、子宫阵缩、努责等分娩预兆明显，但不能产出仔兔。或产下部分仔兔后仍起卧不安，频频排尿，触摸腹部仍有胎儿，有时可见胎儿部分肢体露于阴门外。

（3）防治。应根据原因和性质，采取相应的助产措施。对产力不足者，可应用脑垂体后叶素或催产素，配合腹部按摩助产。配种后31天仍未产仔时，应检查母兔，如确认正常怀孕，应用脑垂体后叶素或催产素催产，以免难产。催产无效或因骨盆狭窄及胎头过大，胎位、胎向、胎势不正不能产出时，可消毒外阴部，产道内注入温肥皂水或润滑剂，矫正胎位、胎向、胎势后将仔兔拉出。

19. 如何防治母兔的乳房炎？

母兔乳房炎是养兔场的常见病和多发病，对养殖户来说是很大杀伤力，使养兔场遭受很大的经济损失，轻者导致仔兔黄尿病，仔兔生长发育受阻；严重的导致种母兔丧失种用价值甚至死亡。因此，做好母兔乳房炎的预防工作至关重要。该病不是什么传染病，主要是由于忽视了对哺乳母兔的饲养管理所致，发病后乳腺膨胀、发红，触摸出现疼痛性的敏感反应。体温往往上升到40℃以上，常伏卧不动，精神无力。因乳房疼痛，大多数发病母兔拒绝仔兔吮乳，造成乳腺进一步肿胀发硬，如病情继续发展，患部皮肤表面呈蓝紫色，一旦延误治疗，极易继发全身败血症而死亡，或造成乳房坏死引起母兔终生性泌乳机能障碍。

（1）病因。① 分娩前后由于饲喂精饲料过多，造成母兔产仔后泌乳量过大、浓稠，进而堵塞乳腺管后发生炎症。② 兔产仔数过少或体质较弱而造成乳汁不能及时被吸出，一旦时间稍长，1个或多个乳头会因乳汁的大量蓄积而引起乳房发生炎症。③ 母兔笼底板（产箱）粗糙、有钉头或竹底板上有毛刺，母兔活动时，乳房由于受到笼底板或产箱的挤压、刺伤或碰撞，造成乳房受伤感染葡萄球菌或大肠杆菌等细菌感染而发生炎症。④ 母兔营养差，泌乳量过少，致使仔兔咬伤乳头发炎感染所致（这是国内哺乳母兔发病率最高的因素）。⑤ 青年兔的首次配种没有达到配种年龄和配种体重，早配后导致青年兔体况差，身体没有完全成熟，缺乳所致。

上述几种原因，其实都是由饲养管理不当造成的，只要在平时的饲养管理中加以解决，是完全可以大大减少或杜绝乳房炎的发生，进而避免仔兔黄尿病的发生。

（2）预防。母兔在产前和产后 3 天用复方新诺明片（人用），每兔每天 1 片或青霉素 50 万单位，1 天 2 次或庆大霉素 4 万单位，1 天 1 次。

（3）防治。家兔乳房炎大致可分为普通型乳房炎、乳腺炎和败血型乳房炎三种类型，其防治方法分别如下。

普通型乳房炎：乳房出现红肿，乳头发黑发干，皮肤有热感，轻者仍能给仔兔喂乳，但哺乳时间较短。防治方法：初期应将乳汁挤出，用温水将乳房、乳头洗净，可采用药物封闭疗法，每个乳头可用青霉素 80 万单位、链霉素 160 万单位、0.5%普鲁卡因 8mL 进行封闭治疗。具体方法是：先将青霉素、链霉素溶解于普鲁卡因中，然后固定患病母兔，局部消毒后，以 45°角将针头刺入乳房基部，边注射边退针，围绕乳头分 4 点注射，形成一环形封闭。

乳腺炎：是脓菌侵入乳腺所致，初期乳房皮肤正常，不久，可在乳房周围皮肤下摸到山楂大小的硬块；后期乳房皮肤发黑，形成脓肿，最后脓肿破裂，脓液流出。防治方法：初期可局部冷敷；中后期可用热毛巾热敷，也可用 80 万单位的青霉素、痢菌净 10mL 注射液或地塞米松磷钠 1mL，分两次做肌内注射，每天早、晚各 1 次，连续注射 3 天，病症即消失，痊愈。

败血型乳房炎：初期，乳房红肿，而后期呈现紫红发黑，并迅速延伸到整个腹部；病兔精神沉郁，体温升高，不食也不活动，一般发病 4~6 天内死亡，是家兔乳房炎中病症最严重、死亡率最高的一种。防治方法：可局部注射青霉素 80 万单位、地塞米松 1mL 封闭，用鱼食脂软膏涂抹。严重时可切开脓包，排出脓血。对切口要用消毒纱布擦净，并撒上消炎粉，预防感染。全身治疗可注射抗生素或口服磺胺类药物。

20. 如何防治兔葡萄球菌病？

（1）症状。根据感染部位和病菌在体内扩散情况的不同，常表现为以下几种病型。

脓肿：原发性脓肿常位于皮下或某一脏器，以后可引起脓毒血症，并进而在肺、肝、肾、脾、心等部位发生转移性脓肿或化脓性炎。这些脓肿大小不等，数量不一，初期呈小的红色硬结，后增大变软，有明显包囊，内含乳白色糊状脓汁。

皮下脓肿1~2个月自行破溃，流出脓汁，破口久不愈合。偶尔因脏器或浆膜脓肿破裂而引起胸腔或腹腔积脓。

仔兔脓毒败血症：仔兔出生后2~3天，皮肤出现粟粒大的脓疱，1~5天因败血症而死亡。剖检时肺和心脏多有小脓疱。个别病例的皮肤脓疱可逐渐消失而痊愈。

仔兔急性肠炎（黄尿病）：因仔兔食入患葡萄球菌病母兔的乳汁而引起，一般全窝发生。仔兔肛门周围和后肢被稀粪污染，粪便腥臭，病兔昏睡，体弱，病程2~3天，死亡率高。肠尤其小肠黏膜充血、出血，肠内有稀薄的内容物。膀胱扩张，充满淡黄色尿液。

脚皮炎：兔脚掌下的皮肤充血、肿胀、脱毛，继而化脓、破溃并形成经久不愈的易出血的溃疡。病兔不愿走动，小心换脚休息。有的病例转为全身性感染，死于败血症。

乳房炎：多见于母兔分娩后的头几天。急性时病兔体温升高、沉郁、食欲不振，乳房肿胀、发红，甚至呈紫红色，乳汁中有脓液、凝乳块或血液。慢性时乳房皮下或实质形成大小不一、界限明显的坚硬结节，以后结节软化变为脓肿。化脓性乳腺炎也可发展为全身性脓毒败血症。

（2）防治。① 做好周围环境的日常卫生和消毒工作；② 防止皮肤受伤，有了外伤要及时处理；③ 如产仔母兔乳汁过多或过少，可适当减少或增加优质或多汁饲料，以防乳房胀满、乳头管开放、病菌入侵或仔兔咬伤乳头；④ 笼饲兔不能拥挤，性暴好斗者应分开饲管；⑤ 仔兔产出时用3%碘酒或5%龙胆紫酒精涂搽脐带断端，防止脐带感染；⑥ 母兔分娩前3~5天，饲料中加入土霉素粉（每千克体重20~40mg）或磺胺嘧啶（每千克体重0.1~0.15g）预防；⑦ 局部（脓肿、溃疡）按外科常规处理，涂搽3%碘酒或5%龙胆紫酒精溶液、青霉素软膏、红霉素软膏等；⑧ 全身治疗可用下列药物：新青霉素ii，内服或肌内注射，每千克体重10~15mg，每天2次，连用4天；红霉素与氯霉素联合应用，每千克体重红霉素10~20mg（用5%葡萄糖溶液稀释，静脉注射，每天2次）、氯霉素5~10mg（肌内注射，每天3次）。

第十一章　兔场经营

1. 经营养兔场有哪些工作?

怎样能养好兔子，并且保证使自己的养兔业良性发展，最后使自己的养兔业走向成功，养好兔子，兔场经营必须要具备养兔的三要素，即人、饲料、防疫程序和制度。

（1）人。人是养好兔子的第一要素，养兔人必须要有吃苦、勤劳、敬业的精神，如果没有好的管理人员和饲养人员，想要养好兔子是不可能的；养得好不好，能否成功，关键都要取决于人，因为任何工作都需要人去干，人不行就是失败；没有技术可以学，没有市场可以找，这都要取决于人，所以说人是养兔成功的第一重要因素；养兔的人需要有一定的责任心和事业心，还要不怕苦、不怕累、不怕脏，还要有坚强的毅力，有必胜的信心，更需要有敢于拼搏、勇于探索、奋发向上的精神；一个企业，如果有一个整体一流的人才团队，就能创造出一流的成绩、一流的效益，所以说企业的竞争就是人才的竞争。在选择养兔业时，首先要选好人，这才是养好兔子最根本所在。

（2）饲料。饲料是养好兔子的第二要素，养兔先抓料，越抓越有效；要想养好兔子，饲料必须是科学的、合格的，有一个科学的、合格的、好的饲料，是养好兔子的前提条件和根本保证；制定一个合理的投料标准，是很好地利用饲料的一个具体措施，有利于兔群的健康，更有利于提高经济效益；采用科学的自由采食喂料方式，不仅能减少兔子的消化道疾病，还能在很大程度上减少饲养人员的工作强度；饲料配方要科学合理，没有一个科学的、合格的饲料配方，想进行规模养兔是不可能的；因为兔子消化道疾病、母兔能否发情、母兔怀胎的营养、母兔有无奶水、母兔的乳房炎、仔兔的黄尿病、仔幼兔的成活率、兔子长得快慢、兔子能不能卖个好价格等都与饲料有关。所以说饲料是养兔的前提条件和根本保证。

(3) 防疫程序和管理制度。防疫程序和管理制度是养好兔子的第三要素，无论种兔还是商品兔，都要进行科学防疫；使用疫苗一定要使用有国家生产批号、没有过期的、没有失效的，并按规定计量的疫苗进行防疫，只有这样，养兔业才有安全保证；兔瘟、球虫、真菌、消化道、呼吸道等病，随时都有可能发生，如果搞不好防疫，兔场随时都有可能产生病兔，甚至大面积得病或死亡；所以要制定一个合理的、科学的、全面的防疫程序，并按防疫程序对各种疾病提前进行预防，可以减少甚至杜绝兔子疾病的发生，减少兔子的死亡率。

制定防疫程序不要过于烦琐，要简单实用。

无论是养兔场，还是养兔户，都要建立各种岗位责任制，使养兔业的各项工作责任落实到人；还要建立各岗位的工作标准，使各项工作有序进行；还要建立各种饲养防疫管理制度，并保证其能够落实执行实施，使各项工作在制度制约下进行，只有这样，才能使自己的养兔业不断地向正规化发展，为自己的养兔业进一步发展创造有利基础条件。

2. 在准备办兔场前要做哪些准备工作?

(1) 可行性调查分析。计划办兔场前，要进行市场、经济投入与产出及技术可行性的调查分析。生产经营要有明确决策，包括经营方向、生产规模、饲养方式等方面的计划安排。

① 经营方向。针对准备进入的市场特点，要明确是生产大型肉兔，还是地方优质品种肉兔；是销售活兔，还是初加工产品；以及活兔市场对兔毛色有何消费习惯等。

② 生产规模。兔场规划最大存栏量为多少只，第一期饲养多少只，第二期饲养多少只，繁殖种兔、后备种兔、商品兔多少只等应有计划。

③ 饲养方式。是采取混合精料或全价颗粒饲料为主、青草料为辅的饲养方式，还是采取完全颗粒饲料的饲养方式，要根据生产规

模、劳动力使用、投入生产资金来确定。

④ 产品类型。只生产商品兔、种兔，还是既有部分种兔又有大量商品兔，均要明确。

（2）养兔场与相关产业的链接。开办养兔场，跟兔舍建筑、兔笼器具采购、饲料与牧草生产供应、粪尿污水处理利用、疫苗兽药采购等诸多行业紧密相关，都要有计划地联系协调好。

3. 如何组织管理好兔场?

养兔与从事其他企业有很大的不同，既受到自然因素的制约，生物因素的影响，也受到市场因素的控制，同时人为因素更为重要。我国养兔大企业的老板，很少是养兔起家，多是其他行业转产而来。养兔大手大脚不行，当甩手掌柜的不行。不仅要了解兔子，还要了解人（饲养管理人员），更须了解市场。要善于经营，精于管理。不但需要掌握技术要点，还要充分调动饲养人员的积极性。对饲养员要实行激励机制，饲养人员不用催促，主动自觉养好兔子，能把兔子当作自己的孩子去养。兔子是靠饲养员管理。如果饲养员不配合，什么样的兔子也养不好。因此，调动饲养人员的积极性是作为经理或场长的重大任务；建立健全科学合理的规章制度，充分发挥饲养人员的主观能动性，这个养兔场也就经营好了。

第十二章　兔产品初加工

第一节　兔的屠宰

1. 兔肉具有哪些营养保健价值?

（1）蛋白质含量高。兔肉中含有人体不能合成的 8 种必需氨基酸，是完全蛋白质，可维持健康和促进生长。兔肉中赖氨酸高于其他肉类，在植物性食物中缺乏赖氨酸，故人体需经常补充赖氨酸。

（2）矿物质含量丰富。尤其是钙的含量多，是儿童、孕妇、老年人及病人的天然补钙食品。

（3）维生素含量以烟酸最多。人体如缺乏烟酸，会使皮肤粗糙，发生皮炎，故常吃兔肉会使人体皮肤细腻白嫩，有美容作用。所以，日本和西欧将兔肉称为“美容肉”。

（4）胆固醇含量低，磷脂含量高。血液中磷脂高、胆固醇低时，胆固醇沉积在血管中的可能性就减少。因此，兔肉是高血压、肥胖症、动脉硬化患者和老年人最理想的肉食品。

（5）脂肪含量低。兔肉脂肪含量低，能量也低，符合肉品生产发展的要求。

（6）消化率高。兔肉肌纤维细嫩，容易消化吸收，其消化率高于其他肉类。因此，兔肉是幼儿、老年人、病人和体弱者最为理想的滋补品。

2. 家兔何时屠宰好?

进入屠宰场的候宰兔必须具有良好的健康状况，体重不得低于1.5kg。候宰兔运入屠宰加工场后，兽医检疫人员应首先了解产地的疫情情况，并将全部兔转入隔离舍饲养，做详细的临床检查和实验室诊断，经确诊凡属健康的候宰兔即可转入饲养场进行宰前饲养，病兔或疑似病兔应转入隔离舍饲养，按“肉品卫生检验试行规程”中的有关规定进行处理。

加工冻兔肉或兔肉制品的原料肉，应以肥度适中、屠宰率高为原则。一般幼兔肉因肉质幼嫩，水分含量较高，脂肪含量较低，所以缺乏风味；老龄兔肉虽风味较浓，但结缔组织较多，肉质坚硬，故质量较差。所以，一般肉兔饲养至3~4月龄，体重2~2.5kg时屠宰较为适宜。

候宰兔经兽医人员检疫后可按产地、品种、强弱等情况进行分群、分栏饲养。对肥度良好的兔，所喂饲料应以恢复运输途中蒙受的损失为原则；对瘦弱兔则应采取肥育饲养，以期在短期内迅速增重，改善肉质。由于构成兔肉和脂肪的主要原料是蛋白质、脂肪和碳水化合物，因此宰前饲养应以精料为主，青料为辅，尤以大麦、麸皮、玉米、甘薯、南瓜等最为适宜。

候宰肉兔在运输途中，由于环境的改变和刺激，使正常生理机能受到了抑制或破坏，抵抗力降低，血液循环加速，可能导致肌肉组织中的毛细血管充血。为了预防屠宰时放血不全，影响兔肉品质和保存期，在宰前饲养中还必须限制肉兔的运动，以保证休息，解除疲劳，提高产品质量。

3. 兔宰杀致死方法有哪些?

家兔处死的方法很多，常用的有颈部移位法、棒击法和电麻法等。

(1) 颈部移位法。在农村分散饲养或家庭屠宰加工的情况下，最简单而有效的处死方法是颈部移位法。术者用左手抓住兔后肢，右手捏住头部，将兔身拉直，突然用力一拉，使头部向后扭转，兔子因颈椎脱位而致死。

（2）棒击法。通常用左手紧握临宰兔的两后肢，使头部下垂，用木棒或铁棒猛击其头部，使其昏厥后屠宰剥皮。棒击时须迅速、熟练，否则不仅达不到击昏的目的，且因兔子骚动易发生危险。此法广泛用于小型家兔屠宰场。

（3）电麻法。通常用电压为40~70V，电流为0.75A的电麻器轻压耳根部，使家兔触电致死。这是正规化屠宰场广泛采用的处死方法。采用电麻法常可刺激心跳活动，缩短放血时间，提高宰杀取皮的劳动效率。

另外，农村常用尖刀割颈放血或杀头致死，容易沾污毛皮和损伤皮张，不宜采用。

4. 肉兔屠宰的工艺流程是什么？

肉兔屠宰的工艺流程：击昏→倒挂放血→淋湿剥皮→除内脏→卫检→胴体修整→胴体分割→分级→预冷→剔骨→装箱→冷藏保鲜。

① 击昏。击昏的常用方法有：电击法、棒击法和颈部移位法。② 倒挂放血。用锐刀切断颈部动脉和气管，进行放血，一般放血3~4分钟，不低于2分钟。放血应充分，以保证肉质细嫩，色泽美观。否则使肉质发红，增加贮存困难。放血时要防止血乱溅，污染毛皮。③ 淋湿剥皮。④ 去除内脏。⑤ 肉品卫生检查。⑥ 胴体修整。用特制纸或海绵等擦去胴体表面和腹腔内的血斑、残脂和污秽等。修除残存在胴体内的内脏、生殖器、结缔组织、淋巴、颈部血肉；修整背、臀、腿部的外伤；修整胴体表面或腹腔内多余的脂肪。⑦ 胴体分割。按部位分割兔胴体。颈部：最后一个颈椎处切下。前腿：肩胛骨的后缘处切断，沿脊椎骨中间切开分成两半。胸部：在第10~11肋骨间切断。腰部：腰荐结合处切断。后腿：分割剩余部分为后腿，沿荐椎中线切开，分成两只。⑧ 胴体分级。按出口国际市场规格进行分级，以便包装。带骨胴体分级标准按每只净重重量分级。特级：1 500g以上；一级：1 001~1 500 g；二级：601~1 000 g；三级：400~600g。⑨ 预冷。预冷条件为：温度保持1~8℃，相对湿度85%~90%，预冷时间2~4小时。⑩ 剔骨。剔骨前先去掉肾脏和肾脂，先剔前肢，

再剔肋骨和后肢，最后剔脊椎骨，剔骨时要求骨上不能带肉。不留骨渣、软骨，不要将肌肉块划伤。⑪ 包装。带骨兔肉或分割肉应按不同等级和不同规格真空包装，每袋净重 5.0kg，每箱净重 20.0kg。装箱时应排列整齐、紧密。带骨胴体的两前肢尖端插入腹腔，用两侧腹肌覆盖；两后肢自然弯曲，兔背向外，头尾交叉排列，头部与箱壁有一定空隙。

肉兔屠宰工艺流程

5. 兔胴体如何成熟与保存?

处死、剥皮、放血后的胴体，立即剖腹净腔。先用利刀切开耻骨联合处，分离出泌尿生殖器官和直肠，然后沿腹中线切开腹腔，除留肾脏外取出全部内脏器官，在前颈椎处割下兔头，在跗关节处割下后肢，在腕关节处割下前肢，在第一尾椎骨处割下尾巴。最后用清水洗净胴体上的血迹和污物。

急冻和冷藏保鲜。装箱后的兔肉在-28℃，相对湿度 90%，急冻 48~72 小时；以后在-18℃，相对湿度 90%的条件下冷藏保鲜，保藏期 6~12 个月。冷藏时兔肉应堆放成方形，地面垫木板厚 30cm，堆高 2.5~3m。为了保持肉质新鲜，防止冷藏过久影响肉质，应尽量缩短冷藏时间。

第二节　兔肉、兔皮、兔毛及副产品的加工

1. 原料皮如何进行初步加工？

刚从兔体上剥下的生皮叫鲜皮。鲜皮含有大量水分、蛋白质和脂肪，极适于各种微生物繁殖，如不及时进行加工处理，很有可能腐败变质，影响毛皮品质。

（1）清理。剥下的生皮，常带有油脂、残肉和血污，不仅影响毛皮的整洁和贮存，而且容易造成油烧、霉烂、脱毛等伤残，降低使用价值，应及时清理。脱脂清理工作，家庭通常采用木制刮刀进行。清理中应注意以下三点。

① 清理刮脂时应展平皮张，以免刮破皮板。

② 刮脂时用力应均衡，不宜用力过猛，以免损伤皮板，切断毛根。

③ 刮脂应由臀部向头部顺序进行，如逆毛刮脂，易造成透毛、流针等伤残。

（2）消毒。在某些情况下，原料皮可能遭受各种病原微生物的污染，为了防止传染源的扩散和传播，在原料皮加工前，可用甲醛熏蒸消毒，或用2%盐酸和15%食盐溶液浸泡2~3天，则可达到消毒的目的。

（3）防腐。鲜皮防腐是毛皮初步加工的关键，防腐的目的在于促使生皮造成一种不适于细菌作用的环境。目前常用的防腐方法主要有干燥法、盐腌法和盐干法3种。

① 干燥法。即通过干燥使鲜皮中的含水量降至12%~16%，以抑制细菌繁殖，达到防腐的目的。

干燥防腐的优点是操作简单，成本低，皮板洁净，便于贮藏和运输，主要缺点是皮板僵硬，容易折裂，难于浸软，且贮藏时易受虫蚀损失。

② 盐腌法。即利用干燥食盐或盐水处理鲜皮，是防止生皮腐烂最普通、最可靠的方法。用盐量一般为皮重的30%~50%，将其均匀

撒布于皮面，然后板面对板面堆叠1周左右，使盐溶液逐渐渗入皮内，达到防腐的目的。

盐腌法防腐的毛皮，皮板多呈灰色，紧实而富有弹性，湿度均匀，适于长时间保存，不易遭受虫蚀。主要缺点是阴雨天容易回潮，用盐量较多，劳动强度较大。

③ 盐干法。这是盐腌和干燥两种防腐法的结合，即先盐腌后干燥，使原料皮中的水分含量降至20%以下。鲜皮经盐腌，在干燥过程中盐液逐渐浓缩，细菌活动受到抑制，达到防腐的目的。

盐干皮的优点是便于贮藏和运输，遇潮湿天气不易迅速回潮和腐烂。主要缺点是干燥时皮内有盐粒形成，可能降低原料皮的质量。

生皮经脱脂、防腐处理后，虽然能耐贮藏，但若贮存保管不当，仍可能发生皮板变质、虫蚀等现象，降低原料皮的质量。因此，在贮存时要注意通风、隔热、防潮、防鼠、防蚁、防虫，应经常翻垛检查，一般每月检查2~3次。

生皮质地僵硬，易折裂，怕水，有臭味，易腐烂、难保存，不美观，不宜直接使用，必须进行鞣制。兔皮经过鞣制，皮质柔软，抗潮防霉，坚固耐用，可以制裘。兔皮的鞣制方法很多，主要有铬鞣、明矾鞣、甲醛鞣、硝面鞣等，其鞣制工艺比较烦琐，需要一定的物质和技术条件，不适合于一般庭院养兔户加工生产。

2. 如何适时对兔进行取皮、处理与保存？

剥皮技术：处死后的兔子应立即剥皮。手工剥皮一般先将左后肢用绳索拴起，倒挂在柱子上，用利刀切开跗关节周周的皮肤，沿大腿内侧通过肛门平行挑开，将四周毛皮向外剥开翻转，用退套法剥下毛皮，最后抽出前肢，剪除眼睛和嘴唇周围的结缔组织和软骨。在退套剥皮时应注意不要损伤毛皮，不要挑破腿肌或撕裂胸腹肌。

剥皮是一项繁重的劳动，现代化家兔屠宰场多采用机械剥皮，如上海食品公司冻兔加工厂已试制成功链条式剥皮机，工效比手工作业提高5倍左右。中小型家兔屠宰加工厂可采用半机械化剥皮法，即先用手工操作，从后肢膝关节处平行挑开剥至尾根，用双手紧握腹背部皮张，伸入链条式转盘槽内，随转盘转动顺势拉下兔皮。

兔皮硝制方法如下。

(1) 浸水回软。家庭硝制兔皮，一般室温维持在20℃左右为宜。晾干后的兔皮应先用较钝的铲刀铲去皮上附着的油膜与残肉，然后浸入清水中1~2天，使兔皮尽可能恢复至鲜皮状态。

(2) 脱脂方法。兔皮硝制的好坏，脱脂是关键环节。传统方法是用碳酸钠液（2g/L）涂洒在板面上，尽量避免药液接触毛面，以免兔毛发脆，经10~20分钟用清水洗净。然后用洗衣粉（2g/L）温水调和后浸泡皮张，10分钟后用清水洗净。

(3) 浸酸硝皮。经浸水、清理、回潮后的兔皮即可浸酸硝皮。用20%芒硝（硫酸钠）、25%米粉，以1∶(6~8)（以湿度重计）浸泡1~2周，用手握测试，如皮板已柔软不发硬，则硝制完成。米粉以糯米粉或大米粉为宜，忌用面粉代替，面粉虽能发酵，但易粘毛，硝成后不易脱掉。兔皮入硝液后，应每天翻动1次，使缸内温度均匀。硝好的皮张应及时取出晾干，待皮张半干时向四周拉撑1次，以免皮板过度收缩。

(4) 整理工作。经浸酸硝制、晒干后的兔皮，用刀修去发硬的边缘，再用手搓皮至软熟，拍去米粉即可。硝面鞣制的毛皮如发生“走硝”现象，即皮内的芒硝经水湿后被溶解，使皮板粘结、发硬，呈现生皮状态，甚至出现脱毛现象，可用铬明矾250g，食盐250g，碳酸钠25g处理。先用热水2. 5L溶解铬明矾，冷却；温水1L溶解碳酸钠；冷水1. 5L溶解食盐。然后把碳酸钠溶液慢慢加入铬明矾溶液中，用木棒不断搅拌，再加入食盐溶液。将此混合液均匀涂抹在用清水润湿的“走硝”皮板上，涂后板面对板面堆叠静置4~5小时，重复涂刷2~3次，直至混合液浸透皮板。然后用清水洗皮，除去食盐和鞣液，脱水后拉平、晾干，搓刮揉软即可。

成品保存：经整理、拍净米粉的兔皮，在烈日下暴晒数天，使残脂挥发，消除异味后放置适量樟脑以防虫蛀，用布包好过夏。也可将成品加工制成各种裘皮制品。

3. 长毛兔怎样剪毛?

剪毛是采毛的主要方法。目前有些地区已建立了“代客剪毛站”，专人剪毛，技术熟练，很受群众欢迎。

（1）剪毛次数。剪毛次数一般以年剪4~5次为宜。根据兔毛生长规律，养毛期为90天的可获得特级毛，70~80天的可获得一级毛，60天的可获得二级毛。为满足长毛兔喜欢冬暖夏凉的习性，年剪5次的剪毛时间可安排在3月上旬（养毛期80天）、5月中旬（养毛期70天）、9月下旬（养毛期60天）、10月上旬（养毛期80天）和12月中旬（养毛期90天）。

（2）剪毛方法。剪毛一般采用专用剪毛剪，也可用理发剪或裁衣剪。技术熟练的剪毛员，每5~10分钟可剪完1只兔子。剪毛顺序为背部中线→体侧→臀部→颈部→颌下→腹部→四肢→头部。剪下的兔毛应按长度、色泽及优劣程度分别装箱，毛丝方向最好一致。

（3）注意事项。

第一，剪毛时应贴紧皮肤，切忌提起兔毛剪，特别是皮肤皱褶处，以免剪破凸起的皮肤。

第二，防剪二刀毛（重剪毛）。如一刀剪下后留茬过高，不可修剪，以免因短毛而影响兔毛质量。

第三，剪腹部毛时要特别注意，切不可剪破母兔的乳头和公兔的阴囊，接近分娩母兔可暂不剪胸毛和腹毛。

剪毛

第四，剪毛宜选择在晴天无风时进行，特别是冬季剪毛后要注意防寒保温，兔笼内应铺垫干草，以防感冒。

第五，患有疥癣、霉菌病及其他传染病的兔子，应单独剪毛，工具专用，防止疾病传播。凡有剪破皮肤的应用碘酊消毒，以防细菌感染。

4. 兔毛如何保存？

兔毛易缠结、受潮、虫蛀；日晒之后又易变脆，所以，保管得好坏将直接影响商品兔毛的质量。

(1) 防压。兔毛具有毡合性，在水湿、温热和压力的影响下，容易相互缠结毡合。因此，剪毛或收购后的兔毛，如果没有及时外运或销售，应装入专用的木柜或纸箱，避免重压。数量较大的兔场或采购站，应由专仓保管，不宜多次翻动或用力揉搓，以免缠结；为保持兔毛的光洁度，最好用塑料布或油光纸衬垫内壁。

(2) 防潮。兔毛的吸湿能力很强，阴雨、潮湿季节定要注意防潮。如果兔毛吸湿返潮，有利于微生物的生长繁殖，使兔毛变色、腐败甚至霉烂变质。所以，多雨潮湿季节，在密闭贮存兔毛的木柜或纸箱，墙角或地面应撒布石灰以吸收水气，降低室内湿度。

(3) 防晒。兔毛长期处于日晒或高温条件下，其纤维中的角蛋白易氧化分解产生氨和硫化氢，使兔毛变色、变脆、降低品质。所以，兔毛切忌在阳光下暴晒，即使受潮或霉变时，也只能在阳光下晾晒 1~2 小时，然后在阴凉通风处晾干。

(4) 防蛀。兔毛属天然蛋白质纤维，易受虫害，特别是吸湿受潮之后，容易发生虫蛀。所以，要定期检查，夏季一般 10~15 天检查 1 次，冬季 30~40 天检查 1 次。为防止兔毛虫蛀，可放置适量樟脑丸或其他防虫剂（用纱布袋装，放在木柜、纸箱的四角和中心），但切忌将防虫剂与兔毛直接混放接触。

此外，保管兔毛还应注意防鼠、防尘。尘土污染兔毛后很难除净，会明显影响兔毛色泽，降低其品质。

(5) 兔毛包装。为便于贮存和运输，对松散的兔毛必须进行合理的包装。

① 布袋包装：用布袋或麻袋装毛缝口，外用绳子捆扎，每袋装30kg，装毛应压紧。包装过松，经多次翻动，容易使兔毛纤维相互摩擦而产生缠结毛。

② 纸箱包装：用清洁、干燥纸箱，内衬塑料袋或防潮纸，装毛加封，外用绳子捆扎。这种包装仅适用于收购兔毛数量不多的基层收购站作短途运输。

③ 打包包装：采用机械打包，外用专用包装布缝口，每件重50~75kg，包上打印商品名、规格、重量、发货单位、发货时间等。这种包装适用于长途运输或出口。一般省级畜产公司将县级调运来的兔毛，经过分选、拼配、开松和除杂等加工程序后进行此种打包。

5. 怎样去掉兔肉腥臊味?

兔肉好吃，但它的腥臊味也比较重，而且野兔比家兔味道更重，因此要做出好吃的兔肉，关键点在于去腥提味，下面就开始用几种方法“多管齐下”的给兔肉去腥。

第一步就是焯水，将洗净的兔肉块放入冷水锅中，放入姜片和葱段，再加入适量的料酒，烧开水，煮出血沫，然后用开水将血沫冲洗干净。

第二步开始将姜和蒜片、八角、桂皮、豆瓣和豆豉酱一起煸炒出香味，再下入兔肉翻炒，进一步借用调料的香味压制兔肉的腥味，提高兔肉的香味。

第三步是加入适量的高度白酒，这可是兔肉去腥的关键。记得要用高度的白酒，料酒和低度酒压制不了兔肉的腥味。

以上几点基本上就可以完全去除兔肉的腥味，没有腥臊味的兔肉做出来相当地好吃。

去除兔肉的草腥味还可以采取以下措施。

(1) 添加适量香辛料，如大蒜、花椒油、胡椒粉、海椒、茴香、桂皮、葱、姜、陈皮等。

(2) 添加醇类制剂。添加适量的白酒，每千克兔肉添加10~15mL，也可抑制草腥味。

(3) 熏烤。兔肉经过腌制后，在高温条件下，使产生腥味的一些易挥发物质散发掉。

（4）去势。公兔的草腥味与公兔的性激素有关，对公兔进行去势可减少这种不良气味。

（5）除去腺体。胴体外阴部附近可明显地看到4对腺体，即白色的鼠鼷腺、褐色的鼠鼷腺、直肠腺和位于两肾旁的副肾，去掉这4对腺体。可减少4对腺体分泌物的明显气味。

6. 兔肉的加工方法有哪些？

（1）缠丝兔。

缠丝兔

原料预制：选用3~4月龄的健康肥兔，屠宰剥皮后去除内脏，洗净淤血，沥干后入缸腌制。在经干燥的精盐中加入0.025%的硝粉和1%的五香粉，混匀后按每只兔体用25g的比例均匀撒在兔肉表面，然后装叠入缸，腌制4~5天，第3天要翻缸1次。

配制香料：兔肉腌后要进行涂香。香料的配制为豆豉500g，酱油150g，白砂糖100g，花椒、五香粉、芝麻各20g，白酒15g，砂仁、豆蔻、胡椒各10g。先把豆豉研磨成糊，再把其他干料研成末，加入豆豉糊内，最后加入白糖、酱油、酒等搅匀成糊。涂香时，先割除兔的生殖器官、大动脉血管和筋腱等，然后撑开腹腔，用毛刷蘸香糊均匀地涂刷于腹腔和胸腔内壁。

缠丝挂晾：涂香后用细绳从兔头部缠起，循螺旋状缠到后腿。缠丝间距以1.5~2cm为宜，要缠得均匀结实。缠丝造型以前肢屈向腹侧，胸腹裹紧包扎；后肢尽量拉直，麻绳缠到后肢腕关节处收尾打结。缠好后吊在通风处晾挂24小时。

烘烤成品：兔肉经挂晾后送入烘房进行干燥。烘烤温度以50℃为宜，应保证成品在室温下贮藏2~3个月品质不变。若包装得好，贮藏期可达半年左右。需食用时，应先做熟再解除缠的麻绳，这样肉体红棕油亮，脱绳处有似银丝的花纹。

特点：成品外表为烟棕色，油润光亮；肉香浓郁，鲜嫩味美；腌渍紧裹，落口化渣；肌肉紧密，咸度适中。

（2）广州腊兔。

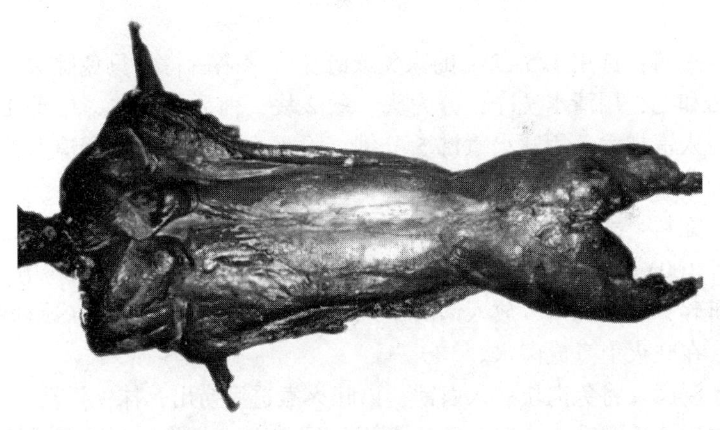

广州腊兔

选料：选膘肥肉满、健壮无病、1.5kg以上的家兔宰杀剥皮、开膛去脏、斩除脚爪。为使其成为板状，可用竹片撑开。

配料：每100kg肉兔用食盐5kg、黄酒2~2.2kg、蔗糖4.3kg、酱油3.12kg、硝酸钠50g。

腌制：将辅料混匀，涂抹于兔体内外，也可用冷水15kg溶解辅料湿腌。入缸腌制3天，每天翻缸1次。然后出缸将兔子放在案板上，面部朝下，前腿扭转到背上，将背和腿按平后撑开成板形，挂晒风干即为成品。悬挂于通风干燥房内，可存放3个月不变质。

（3）五香兔肉。

五香兔肉

选料：选用 1.5~2kg 的家兔或野兔，宰杀后将整只兔除去淤血、杂污和毛，用清水洗净，分为头、颈 2 块，前后腿 4 块，中部 1 块，然后入锅加水，用旺火煮沸 5 分钟，除水去腥气，然后用凉水漂洗，冷却备用。

配料：净肉 100kg，丁香、乳香、桂皮、八角、陈皮、硝水、精盐各 100g，麻油 3kg，黄酒、上等酱油各 5kg，白糖 6kg。将五味香料研碎，装袋扎口，放入锅内，再加清水适量，放入黄酒、冰糖和精盐，在旺火上煮成卤水。

浸卤：将兔肉块放入卤锅，以旺火煮透后捞出，抹去浮汁，晾凉后再用清水漂洗 1 小时，取出沥干。用硝水、葱花、姜汁配成溶液，放入肉块浸泡 30 分钟左右取出沥干，再用熟麻油涂抹表面即为成品。

（4）红雪兔。

原料选择：选择膘肥、健壮、体重达 2kg 以上的活兔，越大越好。调料配制：以净兔肉 100kg 计，需用食盐 5~6kg，花椒 0.2kg，料酒、白砂糖各 2~3kg，白酱油 3kg，怪味粉 100g。

原料整理：宰后剥皮，腹腔开膛，除去内脏，将配料混合均匀，涂抹在兔坯上，并将兔坯用竹片撑成平板状。去除浮脂和结缔组织网膜，擦净淤血。

腌制处理：干腌法是将食盐炒热，与其他配料混合均匀，涂抹在

红雪兔

兔体和嘴内，叠放入缸内，淹渍 1～2 天，中间翻缸 1 次，出缸时再将辅料抹在兔体内外。湿淹法是将配料用沸水煮开 5 分钟，冷却后倒入缸内，以淹没兔坯为宜，浸渍 2～4 天，每天翻动 1 次，适时起缸。

修割整形：兔坯出缸后，放于工作台上，腹部朝下，将前腿扭转到背部，压平背和腿，撑成板形，再用竹条固定形状，并修剪筋膜，刮去浮脂等污物。

风干发酵：将固定成形的腌制兔坯悬挂在通风阴凉处自然风干，通常 1 周左右即可食用。

（5）烤全兔。

烤全兔

原料的选择：选用肥嫩健壮的肉兔，要求健康无病、肌肉发达、体重3.5kg左右，兔龄不超过4个月。

屠宰加工：宰杀、剥皮、去内脏。

腌制：兔肉100kg，食盐2kg，花椒150g，白芷、大茴香各100g，丁香50g。先将食盐和香辛料放入水中煮沸，待20分钟料出香味时即可，冷却后即成腌肉卤液。第一次配制卤液时，食盐和香辛料要适当增加用量。卤液越老越好。将兔肉放入冷却后的卤液中腌制，约经30小时，待肉腌透即可取出，沥干水分。腌制期间注意翻倒几次，以利腌制均匀。

整型：将两前腿和两后腿分别用不锈钢丝捆在一起，然后用挂钩钩住兔下颌骨吊起，待表面晾干水分，用1：3的糖水均匀涂抹于兔肉表面，晾干。

烤制：可用远红外烤炉烤制。先将炉温升至100℃，然后把整形后的兔挂入炉内吊环上，温度升至180℃时，恒温30分钟左右。然后将温度调升至240℃，约需10分钟，待表面烤为金黄红色时即可。出炉后趁热于兔表面刷一层芝麻油，取下不锈钢丝即为成品。

（6）熏兔。

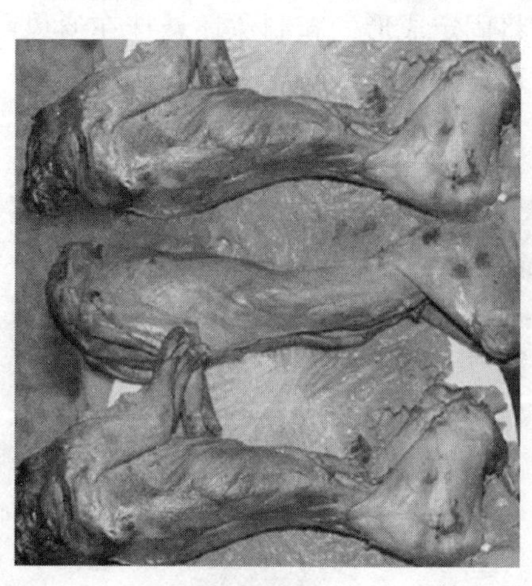

熏兔

选料与备料：选择健康膘肥的成兔，体重2.5~3kg，按传统工序屠宰、放血、剥皮、开膛，除去内脏和四肢下部。用清水洗净后，再用无毒线绳把两后肢绑成抱头状，呈弓形固定。

配料：选用毕拨、良姜、桂皮、砂仁、花椒、肉豆蔻、大料、白芷等各适量，装入纱布袋，煮兔时把调料袋放入锅内水中，加入适量的酱油、酱豆腐、面酱、食盐、大蒜等制成煮肉汤。这样调配的汤料具有口味好、防腐去腥和增色等功效，使熟制的兔肉成棕色。一次投料可连续使用4~5次，以后则酌情添加更换，或根据需要分别组合配料。

熟制：配好的佐料肉汤煮沸后放入兔坯，再加火煮沸，然后用慢火焖煮3~4小时，以兔肉熟烂而不破损为宜。再把煮好的兔捞出，置于特制的铁制笼屉上控汤待熏。平时将煮肉汤盛于缸内保存，冷却后去掉上层浮油，煮肉汤可连续使用。多次的煮肉汤称为“老汤”，老汤质量的好坏是煮好兔的关键所在。

熏制：把铁锅清洗干净，在锅底部加入柏木或碎屑适量，白砂糖少许，然后把待熏制的兔均匀放在铁笼屉上，再放入锅内，盖上锅盖，加火烧3~5分钟。待锅内冒出缕缕青烟，闻到柏木香味时，揭开锅取出即是成品。

（7）兔肉松。

兔肉松

原料处理：将兔肉去骨、脂肪、筋腱等，然后顺肉纤维的纹路切肉条，再切成0.33cm长的短条。

配料标准：以100kg原料计算，备酱油8kg，食糖、黄酒各6kg，生姜150g，味精35g。

烧松加料：先将兔肉放入锅内，加水漫过肉面，用旺火沸煮1小时，再焖2小时。待兔肉煮酥后，撇除汤面上的浮油，扯散肌纤维，加入配料，继续用文火煮焖。煮至汤快干时改用中火，用铁铲不停地翻炒，并拉扯肌纤维，防止结疤焦糊，制成半成品。

炒松去杂：半成品含水分为40%左右，重量为鲜肉的50%。半成品入炒松机内继续加温，复炒至成品。如果无炒松机也可重入锅内复炒，但应注意根据半成品含水情况调节炉火大小，做到收湿稳，防炒焦。经过2.5~3小时复炒后，用手抓起挤不出水即可。炒松后趁热将兔肉放入擦松机内进行揉搓。没有擦松机，可用经消毒的擦松板进行人工搓松。同时拣出碎骨和没有搓散的团块，待冷却后称量分装。

成品包装：成品金黄蓬松，清香扑鼻，但吸水性强，要注意防潮，短期贮藏可装在防潮纸或塑料袋内，若长期贮藏应装在消毒后的玻璃瓶内。

7. 兔毛纤维有哪些理化特性？

（1）兔毛的长度。兔毛的长度以细毛的长度为准，不计算粗毛的长度，长度有自然长度和伸直长度两种表示方法。自然长度指兔毛在自然状况下的长度；伸直长度指单根毛纤维拉直，但未延长时的长度。

收购兔毛和鉴定长毛兔时，测量体侧兔毛的自然长度，毛纺工业常测伸直长度。兔毛的长度决定毛纺加工的用途，也是兔毛分级最主要的指标，兔毛越长，产毛量越高，纺织性能越好。兔毛必须具有一定长度时才采集，兔毛具有一定生长期，长毛兔经2.5~3个月的养毛期，细毛长度可达5~9cm，粗毛长度为8~12cm。

（2）细度。兔毛纤维的细度指单根毛纤维横切面的直径大小，以微米为单位表示。衡量兔毛的粗、细类型是根据单位重量兔毛样中所含粗毛、细毛的含量来决定的。如德系安哥拉毛兔粗毛含量5%~10%。兔毛的细度决定毛纺价值，兔毛越细，纺织价值越高，用纺织支纱来表示，支纱指1kg净毛所能纺成1m长的毛纱的数量。如能纺120段1m长的毛纱称120支纱。细毛适宜于精纺，如高档内衣、高级呢料等。

（3）强度。指单根兔毛纤维拉长至断裂时所需的力量，用强力仪测定，以“g”为单位表示绝对强度。

（4）伸度。伸度又称断裂伸长率，将弯曲的兔毛拉直后，再拉伸到断裂时所增加的长度，增加的长度与原伸直长度之比即为伸度。

8. 獭兔皮如何初加工与贮存？

（1）獭兔皮的特征。獭兔的被毛短、平、细、密、柔。制裘后轻、柔、牢固、美观，深受广大消费者的青睐。“短”是指它的毛纤维很短，一般为1.3~2.2cm，最理想的毛纤维长度为1.6cm左右。“平”就是毛纤维长短均匀，整齐一致，表面看十分平整；优质的毛被枪毛顶端不超过平面1mm。“细”指毛纤维直径很小，细毛皮枪毛含量仅为3%~5%；绒毛含量为95%~97%，绒毛平均细度为15~18μm。“密”是皮肤单位面积着生绒毛根数多。“美”是指獭兔的毛色类型较多，色调自然美观，色泽纯正发亮。“柔”是手摸感到轻柔、光滑而富有弹性。“牢”是毛纤维着生在皮肤上非常牢固，不易脱落。据测定，獭兔皮的抗张强度、撕裂强度和耐磨系数均达到部颁标准，是一种高档裘皮制品原料。

（2）剥皮。将处死后獭兔的右后肢用细绳拴起倒挂在柱子上，用利刀切开附关节周围的皮肤，然后沿大腿内侧阴部平行挑开，将四周毛皮向外剥开翻转，用退套法逐渐剥下毛皮，最后抽出前肢，至耳根与头皮处割裂，即成毛朝里皮朝外的完整筒皮。在退皮的过程中，应注意不要损伤毛皮，不要挑破腿部和胸腹部的肌肉。

（3）鲜皮处理。

清理：从兔体上剥下的鲜皮，应及时清除残留的脂肪、乳腺、血污等。

防腐：常用的防腐方法主要有盐渍法、盐干法和干燥法。盐渍法，即利用干燥氯化钠处理鲜皮，盐渍的具体操作方法：将剥下的片皮或筒皮按鲜皮重的25%~30%抹盐，将皮板上均匀地抹上食盐，然后板面对板面堆叠放置1周左右，使盐溶液逐渐渗入皮内，直至皮内和皮外的盐溶液浓度平衡。

（4）贮存。獭兔皮经过脱脂、去污、干燥、晾晒后，应在专门的库房进行贮存。贮存防皮板变质、虫蛀、鼠害等现象发生，库房条件应通风、隔热、防潮，有足够光线，库房适宜的温度为5~25℃，且最低不低于5℃，最高不超过25℃，相对湿度应保持在60%~65%。

獭兔皮

9. 如何对长毛兔进行拔毛操作?

拔毛是一种重要的采毛方法，已越来越受到人们的重视。

（1）拔毛优点。

拔毛有利于提高优质毛比例，拔毛可促使毛囊增粗，粗毛比例增加。据试验，拔毛可使优质毛比例提高40%~50%，粗毛率提高8%~10%。

拔毛可促进皮肤的代谢机能，促进毛囊发育，加速兔毛生长。据试验，拔毛可使产毛量提高8%~12%。

拔毛时可拔长留短，有利于兔体保温，留在兔身上的毛不易结块，而且还可防止蚊蝇叮咬。

（2）拔毛方法。

拔毛可分为拔长留短和全部拔光两种。前者适于寒冷或换毛季节，每隔 30~40 天拔毛 1 次；后者适于温暖季节，每隔 70~90 天拔毛 1 次。拔毛时应先用梳子梳理被毛，然后用左手固定兔子，用右手拇指将兔毛按压在食指上，均匀用力拔取一小撮一小撮的长毛，也可用拇指将长毛压在梳子上拔取小束长毛。

（3）注意事项。

第一，幼兔皮肤嫩薄，第一二次采毛不宜采用拔毛法，否则易损伤皮肤，影响产毛量。

第二，妊娠、哺乳母兔及配种期公兔不宜采用拔毛法，否则易引起流产、泌乳量下降及影响公兔的配种效果。

第三，拔毛适用于被毛密度较小的个体和品种，对被毛密度较大的兔子应以剪毛为主。养毛期短，拔毛费力时不宜强行拔毛，以免损伤皮肤。

第十三章　生态循环养兔

第一节　生态循环养兔概念

1. 什么是生态循环?

生态循环是遵循生态学和经济学原理及其发展规律，按照“减量化、再利用、再循环”的3S原则，运用系统工程的方法，利用动植物生物学特性，特别是动物之间的食物链关系，实现动植物生产过程中物质和能量循环利用的一种新型的经济发展模式，即“资源—产品—消费—再生资源—再生产品”的物质循环流动。大型集约化养殖场在养殖场内建立粪便处理循环设备，可以及时处理畜禽粪便，并节约成本，生产出有机肥料和沼气，是一举多得的好办法。

2. 什么是生态循环养兔?

兔生态循环的农业模式是指一种以资源的高效利用和循环利用为核心，以低消耗、低排放、高效率为基本特征的农业发展模式，相对于“大量生产、大量消耗、大量废弃”的传统养兔模式来说，是一个根本性的改变。生态循环养兔能实现种养殖业的零污染、零排放；能让有限的资源得到最大程度的利用；能大大降低种养殖业的生产成本；有利于生产出高品质无公害绿色食品；大大降低种养殖业的市场风险；能实现生态效益、经济效益和社会效益的全面提升。

第二节　生态循环养兔现状

1. 目前我国畜禽污染物有什么危害?

改革开放以来，我国的畜禽养殖业发展非常迅速，许多城郊建立了大中型集约化养殖场，畜禽数量飞速递增，极大地丰富了我国城乡居民的畜产品及副产品的供应，提高了人们的生活水平。与此同时，畜禽粪便的排放量也在增加。由于畜禽污染物产生量大，有的养殖场没有处理设施，其处理水平大多还停留在原始的堆积发酵还田的方法上，体积大，气味大，不卫生。此外，有的畜禽养殖场的冲棚水和畜禽尿水没有经过任何处理就直接排放，造成环境污染。在畜禽粪便污染物中含有大量的氮、磷、悬浮物、致病菌以及高浓度的有机污染物质等，因而对大气、水体、土壤、生物产生严重的危害。

2. 传统的畜禽粪便无害化处理有什么缺点?

鉴于畜禽养殖场的集约化程度越来越高，畜禽粪便的处理难度也相应提高。为了节省运输成本，大型集约化养殖场越来越倾向于在养殖场内建立粪便处理循环设备，在消除粪便对环境影响、节约成本的同时，还可以产生额外的经济效益。

传统的畜禽粪便无害化处理的过程中，会产生大量的臭气，通过抽风设备直接排放，其中包含 CH_4、H_2S 和 NH_3 等有害气体，造成对环境的污染，并对周边的人和畜禽的健康产生不利影响。

3. 目前我国生态养兔现状怎样?

家兔生产过程中产生大量副产品，如排泄的粪尿，剩余作物秸秆、蔬菜边叶等，以往都把它们视为包袱和污染源。生态循环种养殖就是要把它们变成资源和财富，让它们产生良好的经济效益。为解决兔规模养殖过程中出现的环保问题，国内一些肉兔养殖场通过试验已成功探索出一些有效的肉兔生产种养结合的生态循环模式，对解决规模养兔粪污综合利用、降低养殖成本、增加经济效益和促进生态环境保护，具有借鉴和推广价值。

第三节　生态循环养兔生产模式

1. 生态循环养兔生产模式主要有哪几种？

种养结合是发展循环经济的有效途径。“农牧结合”的实践证明，只要采取适当的种养结合模式，把用地和养地结合起来，建立复合型绿色环保养殖，就能有效保护农业生态环境，促进资源循环利用，从而实现节肥、增产、增效，改善产品质量，生产出大量无公害的绿色农畜产品。

坚持以肉兔养殖为主，种养结合，建立以兔为主的多元立体生态链，形成的生态循环养兔生产模式主要有以下几种：

（1）兔粪改良蚯蚓循环养殖模式；

（2）果-草-兔循环养殖模式；

（3）兔-莲藕种植-养鳝鱼循环养殖模式；

（4）兔-草循环养殖模式。

2. 什么是兔粪改良蚯蚓循环养殖模式？

兔粪是较好的蚯蚓基料，其优点有：兔粪便呈颗粒状，易于收集，兔粪中含有区别于猪粪、有利于蚯蚓养殖的特别元素，兔粪的通气性比鸡、鸭、鹅等禽类粪便高，更能满足蚯蚓的生长要求。蚯蚓养殖目前采用最新的半敞式饲养池精养，产量高，抗病能力强。养殖蚯蚓的基料，以兔粪为主。掺入适当比例猪粪，进行无害化处理。利用兔粪养殖蚯蚓成功的关键，是做好基料的调制、品种的选择、提纯复壮、土质指标的控制、空气湿度的控制。蚯蚓粪生态养殖对延伸种养效益链起到了重要作用，一是做兔场种草用的基肥，不施无机肥，产量高，品质好；二是做养鳝水体的水质培养，其氨、氮、溶氧、酸碱值、亚硝酸盐值等指标，是其他禽类粪、畜类粪不能相比的；三是经处理后做沉淀池水生物的部分饲料。特别是蚯蚓作蛋白质饲料，喂养黄鳝效果好。生产出的蚯蚓可直接做黄鳝的动物性蛋白饲料直接投喂，也可经加工后替代配合饲料中的部分鱼粉等动物蛋白。采用模拟生态法喂养黄鳝，科学控制黄鳝养殖池的水质指标、饲料的跟进、鳝池的合理设计、植物的合理栽培。通过试验表明，用蚯蚓喂养黄鳝，成长好、增重快、肉质好，基本无饲料成本，且环境可观赏性较强。

兔粪养殖蚯蚓循环模式

3. 什么是果-草-兔循环养殖模式?

果树下撒上草种，兔子吃的是草，排的粪便里还遗留着未消化分解完的营养成分，将其晒干打碎后又可以作为猪饲料，猪粪便直接用来浇灌果树和种草，以此达到生态循环利用的目的，既科学环保又节约养殖成本。

4. 什么是兔-莲藕种植-养鳝鱼循环养殖模式?

莲藕种植田施用发酵兔粪后，不再施用氮肥、磷肥、钾肥等化学肥料，不需喷洒药物。生产形成纯天然的优质有机藕，其体形粗大、产量高，口感好。莲藕种植再与黄鳝养殖结合。带来较多好处：一是荷叶的天然遮阴性，在炎热的夏天，在区间内的水体温度不会超过黄鳝的生存温度，黄鳝不会生病；二是净化水质，光合作用下对氧吸收与排放，对水体的溶氧量的稳定性有很好的平衡稳定作用；三是对兔场产生较高的经济价值与观赏价值。

5. 什么是兔–草循环养殖模式?

大力轮种优质牧草，用粪污作底肥供牧草生长。主要种植皇竹草、黑麦草等优质牧草，平时施用发酵兔粪，确保了土地肥沃，牧草产量高，品质优良，解决了养兔的青饲料供应。

兔–草循环养殖模式

第四节　生态循环养兔废弃物处理

1. 养兔废弃物对环境有何危害?

相对猪、鸡、牛、羊等畜禽，家兔因其排泄量小，总体养殖规模小，兔场对环境污染的报道相对很少，但随着规模化、集约化兔场的不断发展和家兔区域养殖规模不断增大，兔粪对环境的污染也不容小视。据统计 1 只兔饲养期内排泄量为 28. 8kg，按 2015 年我国家兔年出栏 4. 9 亿只，则产生粪便 1 411. 2万吨，可见兔粪如果没有合理有效的处理方法，势必对环境造成一定的污染。兔粪是一种高效优质的有机肥料，兔粪中的氮、磷、钾含量高于其他家畜，其中氮含量是鸡粪的 1. 53 倍、羊粪的 3. 29 倍、猪粪的 3. 83 倍，磷含量是鸡粪的 2. 88 倍、羊粪的 4. 6 倍、猪粪的 5. 75 倍，钾含量是鸡粪的 1. 6 倍、羊粪的2.67倍、猪粪的2倍，每吨兔粪相当于硫酸铵108.5 kg，过磷酸钙100.9 kg，硫酸钾17.85 kg。

2. 什么是兔粪的堆肥处理?

焚烧、填埋、干燥（主要用于鸡粪）等是世界各国处理有机固体废弃物的传统方式，但这些处理方式不仅费用昂贵，浪费资源，且会对环境造成二次污染，已逐渐被禁止使用。目前，将畜禽粪便进行堆肥处理是有效利用畜禽资源的主要方式之一。通过堆肥处理，新鲜粪便中的有机物趋于稳定，病原菌和野草籽被杀灭，从而变成了环境友好的有机肥料。在国外，堆肥已是一项常规的技术，各种物料的堆肥，如污泥、粪便、蘑菇基质等均有报道，而在中国，由于人们生态环境保护意识淡薄，堆肥技术尚处于起步阶段，有待进一步推广。堆肥技术分厌氧堆肥和高温好氧堆肥两种，厌氧堆肥处理时间较长，不适合具有一定规模的养殖场，一般所说的堆肥即高温好氧堆肥。

厌氧堆肥处理

3. 为何要对兔粪进行堆肥处理?

堆肥是指在人工控制下，在一定的水分、C/N和通风条件下通过微生物的发酵作用，将废弃有机物转变为肥料的过程。通过堆肥过程，有机物由不稳定状态转变为稳定的腐殖质，其堆肥产品不含病原菌，不含杂草种子，而且无臭无蝇，可以安全处理和保存，是一种良好的土壤改良剂和有机肥料。兔粪堆肥即利用兔粪或兔粪和其他辅料进行配合调节水分至50%~60%、C/N为25~35，在通风条件下进行微生物发酵，通过高温杀灭兔粪和辅料中病原菌和杂草种子，同时通过微生物的发酵使堆料中有机物转变成稳定的腐殖质，变成利于作物吸收和利用的环境友好型有机肥料。兔粪堆肥既可解决规模化兔场的粪尿处理难题，又可利用种植业产生的农作物秸秆、稻壳、菌渣等有机废弃物，同时解决国内有机肥料不足的问题。

4. 兔粪堆肥的原料有哪些?

通过试验表明，兔粪本身的C/N决定了兔粪可以单独进行堆肥，但要注意调节兔粪的水分至适当水平。在生产中也可适当加入其他辅料进行配合，如在兔粪中加入粉碎稻草、米糠、麦麸、锯末面、菌渣等进行堆肥。通过试验表明，兔粪与辅料的比例分别为7.5：1、3：1、2.5：1、4：1、2.6：1左右时均能正常发酵，但在生产中需根据使用的兔粪和辅料的水分含量而进行调整，另外不同地区的兔粪和辅料的C/N可能有所不同，规模化兔场进行兔粪堆肥应对原辅料的水分和C/N进行测定后再确定具体配合比例。

5. 兔粪堆肥方式有哪些?

兔粪堆肥方式视处理规模而定，对于农户而言可采用小堆体堆肥方式，具体方法是将配比混合好的兔粪和辅料每堆300~500kg，堆在孔径约为0.5mm纱网上，纱网离地面高约10cm，堆成近似半球形或锥形的堆体，堆体高度1~1.5m，直径1~1.5m。整个堆制过程由于堆体较小，并且底部可以通风进气，所以中途不用进行翻堆，但应注意防雨，40~60天，有条件的可在室内或大棚内进行堆肥。

对于规模养殖户或养殖场而言，可采用条垛式堆肥。具体方法是将配比混合好的兔粪和辅料堆制成长条状堆体，截面为梯形或三角形，底部宽约1.5m，高1~1.5m，堆体长度视原料多少而定。发酵过程中根据温度情况进行人工翻堆或者采用堆肥专用翻堆机翻堆以便提供氧气和控制温度，堆肥过程中，堆体温度应控制在45~65℃。一般水分和C/N调节得适宜的堆体在堆制第二温度即可上升至50℃以上，在温度超过65℃后即可进行翻堆，以后在温度降至45℃以下时，再进行2~3次翻堆后就可让堆体静置进入二次堆肥阶段，也叫后熟或陈化阶段。

6. 兔粪堆肥的基本过程分几个阶段?

兔粪堆肥过程通常分两个阶段：一次堆肥（也叫快速或高温发酵）和二次堆肥（也叫后熟或陈化）。这两个阶段之间通常没有明确的定义和区别。

一次堆肥过程一般分为升温阶段、高温阶段和降温阶段3个阶段。

（1）升温阶段。在兔粪堆肥过程的初期，堆体温度逐步从环境温度上升到45℃左右，主导微生物以嗜温性微生物为主，包括真菌、细菌和放线菌，分解底物以糖类和淀粉为主。

（2）高温阶段。堆温升至45℃以上即进入高温阶段，在这一阶段，嗜温性微生物受到抑制甚至死亡，而嗜热性微生物则上升为主导微生物。堆肥中残留的和新形成的可溶性有机物质分解，复杂的有机化合物，如半纤维素、纤维素和蛋白质等也开始被强烈分解。微生物的活动交替出现，通常在50℃左右时最活跃的是嗜热性真菌和放线菌，温度上升到60℃时真菌几乎完全停止活动，仅有嗜热性细菌和放线菌活动，温度升到70℃时大多数嗜热性微生物已不再适应，并大批进入休眠和死亡阶段。现代化堆肥生产的最佳温度一般为55℃，这是因为大多数微生物在这个温度范围内最活跃，最易分解有机物，而病原菌和寄生虫大多数可被杀死。

（3）降温阶段。高温阶段必然造成微生物的死亡和活动减少，自然进入低温阶段。在这一阶段，嗜温性微生物又开始占据优势，对较难分解的残余有机物做进一步的分解，但微生物活性普遍下降，堆体发热量减少，温度开始下降，有机物趋于稳定化，需氧量大大减少，堆肥进入腐熟或后熟阶段。

二次堆肥可在原地继续堆制，也可转移后集中于一处静置堆制，二次堆肥时间在 20 天以上即可，通过二次堆肥可使堆料进一步熟化，无害化程度更高，施用后不会对作物产生不良影响。

7. 影响兔粪堆肥效果的主要因素有哪些?

影响兔粪堆肥效果的因素主要有 4 个，即 C/N、初始水分、通风供氧、温度。

（1）水分。堆肥过程中，水分是一个重要的因素。水分在堆肥过程中的主要作用：① 溶解有机物，参与微生物的新陈代谢；② 可以调节堆肥温度，如堆肥温度过高，通过水分蒸发可以带走大量热量，使温度降下来。水分过高或过低对兔粪堆肥效果来说都不好，水分过高会堵塞堆料中的孔隙，影响通风，导致厌氧发酵，减慢降解速度，从而影响堆制的进程和产品的质量；水分过低，则不利于微生物生长繁殖，使微生物脱水死亡，影响堆肥速度。原料适宜的水分含量为 50%~60%。

（2）C/N 比。就微生物对营养的需要而言，较适宜的 C/N 为 25 左右。C/N 过高或过低都不利于微生物繁殖，影响微生物活动和有机物分解，合理的调节堆肥原料中的 C/N，是加速堆肥腐熟、提高腐殖化系数的有效途径。兔粪的 C/N 符合堆肥 C/N 要求，如果生产中采用粪尿分离，收集的兔粪水分在 60%左右，可直接用于堆肥。

（3）温度。温度是堆肥能否顺利完成的重要因素。它制约着微生物的活性及有机质的分解速度，直接影响堆肥的腐殖化程度。堆体温度在 55℃条件下保持 3 天，或 50℃以上保持 5~7 天，是杀灭堆肥中所含致病菌，保证堆肥的卫生指标合格和堆肥腐熟的重要条件。堆体温度的高低受通风量和堆体含氧量的影响。由于温度过高会影响大部分微生物的生长繁殖，微生物会大量死亡或进入休眠状态，因此，常采用调整通风量的办法来控制温度。

（4）通风供氧。通风供氧是高温堆肥成功的关键因素之一。通风是供氧的主要方式，通风供氧的速度决定着堆肥物质的转化速率。通风量影响微生物活性及有机物的分解速度。通风可通过调节混合物料的孔隙率和通气量达到，通气量可通过调节风机选型（强制通风工艺）或翻堆频率（翻堆工艺）或堆体与空气的接触面积（适用于小农户堆制小堆体被动通风工艺）来达到。而孔隙率跟调理剂的粒度密切相关，当调理剂的粒度大，则堆体的孔隙率大，反之，则小。

8. 兔粪堆肥腐熟参考依据有哪些？

（1）表观特征。经过高温堆肥发酵后，兔粪堆体呈棕褐色且无臭味，不再吸引蚊蝇，堆肥产品呈现疏松的团粒结构。

（2）温度变化。堆肥的温度变化是反映发酵是否正常最直接、最敏感的指标，高温期维持 5 天以上，即能达到粪便无害化卫生标准的要求。

（3）C/N、大肠杆菌以及种子发芽指数的变化：C/N 降至 20 左右，大肠杆菌数量在 100CFU/g 以下，种子发芽指数在 0.8 以上，即达到完全腐熟的标准。在生产实践中，这几项指标只有通过实验室检测才能确定，因此在生产上基本可根据前两项依据加上发酵时间来进行大体判断。

9. 兔粪便、污水等废弃物如何实现生态循环？

将兔子养殖期间产出的粪便、污水还有沼气以及食用的草或者果子采用良性的循环方式，配套使用的还有沼气以及有机肥料的生产技术，将兔子的粪便进行干燥后用作自家果园的基础肥料或者向外出售；湿的兔子粪便或者是对兔栏进行冲洗之后形成的污水，将其流进沼气池中进行发酵。沼气当作养殖场的日常生活燃料，发酵之后的沼液用于草地以及果园的灌溉。优质牧草——杂交狼尾草对于肥水的需求量极大，不仅产量极高，同时还可以将大量的污水以及沼液消耗掉，让养殖场在环境保护方面的排放标准符合国家规定的标准，解决养殖业的发展同环境保护问题两者之间存在的矛盾，为兔规模化养殖以及兔子的粪便、污水的处理及使用提供了极大帮助。

参考文献

[1] 娄志荣．世界肉兔产业的发展及借鉴［J］．中国养兔杂志，2006（1）：3-5.

[2] 獭兔养殖前景以及獭兔养殖技术，中国农村网，http：//www. nongcun5. com/sell/106693. html.

[3] 刘环．实用养兔技术［M］．金盾出版社，2010.

[4] 孙林．怎样创建小型兔场（二）［J］．农家参谋，2014（10）：20.

[5] 田天双，韩英明，王树春，等．养兔的前期准备工作［J］．养殖技术顾问，2004（10）：36-37.

[6] 谷子林．中国规模化兔场路在何方［J］．吉林畜牧兽医，2014，35（1）：11-15.

[7] 王永康，邹华波，何兴胜，等．天府肉兔养殖场种养结合生态循环模式剖析［J］．畜牧市场，2010（1）：12-13.

[8] 阎英凯．肉兔工厂化养殖模式［J］．中国养兔杂志，2013（2）：36-40.

[9] 吴中红，靳薇．兔舍环境与家兔高效生产——规模化兔场规划设计技术要点［C］．中国兔肉节会刊，2013.

[10] 王莉萍．家兔市场走势［J］．今日畜牧兽医，2005，21（10）：44.

[11] 董仲生，刘红文，刘敏，等．抓住时机发展我省无公害肉兔养殖［J］．云南畜牧兽医，2005（3）：25-26.

[12] 陈桂银，周韬．兔的食粪性及其研究进展［J］．中国养兔，2004（2）：27-30.

[13] 严鑫尧，詹海琴，王敏．粗纤维对家兔肠道健康的影响［J］．中国养兔，2017（5）：22-25.

[14] 张心如，罗宜熟，杜干英，等．家兔的食粪特性与消化道疾病［J］．四川畜牧兽医，2002，29（12）：144.

[15] 谢天京，张凡，伍松柏．家兔的生活习性及其饲养管理特点［J］．中国畜牧兽医文摘，2015，31（6）：87.
[16] 徐汉涛．家兔的品种介绍［J］．猪业观察，2007（6）：47.
[17] 程士祥．獭兔的繁育方法［J］．中国养兔杂志，2012（10）.
[18] 庞有志．家兔品种的选种与选育［J］．中国养兔杂志，2009（2）.
[19] L. R. Arrington，徐立德．家兔的饲料和营养需要［J］．草食家畜，1980（1）.
[20] 王琳，张健，等．肉兔养殖实用技术，中国农业科学技术出版社，2014年11月第1版.
[21] 王钰龙．从家兔习性看日常管理（上）．农业知识（科学养殖），2016，3：44-46.
[22] 刘杰涛，辛潇静．家兔颗粒配合饲料饲喂技术．科学种养，2018，2：44-45.
[23] Juteau P，Larocque Retal. Analysis of the relative abundance of different types of bacteria capable of toluene degradation in a compost［J］. Applied Environmenlal Microbiology，1999，65（6）：863-868.
[24] 曹继东，郭金梅，姜八一．哺乳期间家兔的饲养管理要点分析．河南农业，2016，12：37.
[25] 赵艳，孟静民．家兔的饲养管理要点．现代畜牧科技，2017，31（7）：23.
[26] 汪平，文斌，刘汉中，等．獭兔高效健康养殖技术．草业与畜牧，2013，209（4）：29-34.
[27] 穆贞军，粟朝芝，王德凤，等．肉兔生态养殖的关键环节及技术措施［J］．贵州畜牧兽医，2010，34（4）：39-40.
[28] 常福俊，刘同秋．十二月兔事与兔病防治［J］．中国养兔杂志，2012（8）：34-41.
[29] 谷子林．冬季养兔技术要点［J］．北方牧业，2012（24）：26-26.
[30] 史维军，王国华，耿光瑞．实用养兔技术一本通［M］．化学工业出版社，2013.
[31] 顾永芬，陶宇航，顾永江．中草药土法防治兔病［J］．吉林农业，2012（7）：205-206.
[32] 陈学敏，许自铭．冬季獭兔饲养管理措施［J］．北方牧业，2012（1）：24-24.
[33] 谢月飞，杨力豪，林甲松，等．獭兔生态循环养殖技术的研究与推广

[J]. 浙江畜牧兽医，2015（3）：33-34.
[34] 李强，喻文娟，胡彬．肉兔养殖技术 [J]. 现代农村科技，2012（19）：31-31.